Barbara Weber

Besser in

Mathematik

6. Klasse

Gymnasium

Cornelsen
SCRIPTOR

Über die Autorin:
Barbara Weber unterrichtet Mathematik an einem Gymnasium.

Bibliografische Information der Deutschen Nationalbibliothek
Die Deutsche Nationalbibliothek verzeichnet diese Publikation in der Deutschen Nationalbibliografie; detaillierte bibliografische Daten sind im Internet über http://dnb.d-nb.de abrufbar.

2. Auflage

Bibliographisches Institut GmbH
Dudenstraße 6, 68167 Mannheim

Redaktionelle Leitung: Constanze Schöder
Redaktion: Dr. Angelika Fallert-Müller
Illustrationen: Böcking-Gestaltung, Bochum
Herstellung: Annette Scheerer
Layoutkonzept: Horst Bachmann, Weinheim
Umschlaggestaltung: glas AG, Seeheim-Jugenheim
Satz/Layout: Dagmar Lemme, Berlin
Druck und Bindung: orthdruk, Białystok
Printed in Poland

ISBN 978-3-411-87030-1

Vorwort ... 5

1 Brüche ... 6
1.1 Brüche erweitern und kürzen ... 7
1.2 Addieren und Subtrahieren von Brüchen ... 9
1.3 Gemischte Zahlen addieren und subtrahieren ... 12
1.4 Multiplizieren und dividieren von Bruchzahlen mit einer natürlichen Zahl ... 15
1.5 Multiplizieren von Brüchen mit Bruchzahlen ... 17
1.6 Dividieren von Brüchen durch eine Bruchzahl ... 20
1.7 Rechengesetze und Berechnung von einfachen Termen ... 22
1.8 Sachaufgaben zur Bruchrechnung ... 24
Test ... 27

2 Dezimalzahlen ... 28
2.1 Dezimalzahlen – Zehnerbrüche ... 28
2.2 Ordnen, Vergleichen und Runden von Dezimalzahlen ... 31
2.3 Addieren und Subtrahieren von Dezimalzahlen ... 34
2.4 Multiplizieren von Dezimalzahlen ... 36
2.5 Dividieren von Dezimalzahlen ... 39
2.6 Abbrechende und periodische Dezimalzahlen ... 42
2.7 Berechnung von Termen ... 44
2.8 Sachaufgaben zum Rechnen mit Dezimalzahlen ... 47
Test ... 50

3 Rationale Zahlen ... 51
3.1 Zahlenstrahl und Zahlengerade ... 51
3.2 Betrag rationaler Zahlen ... 54
3.3 Addieren rationaler Zahlen ... 57
3.4 Subtrahieren rationaler Zahlen ... 60
3.5 Multiplizieren rationaler Zahlen ... 63
3.6 Dividieren rationaler Zahlen ... 66
3.7 Verbindung der Grundrechenarten – Terme ... 69
Test ... 71

4 Prozentrechnung 73
4.1 Anteil - Bruchteil - Ganzes 73
4.2 Prozentsatz - Prozentwert - Grundwert 75
4.3 Prozentuale Erhöhung oder Verminderung 78
4.4 Darstellung von Prozenten in Diagrammen 81
Test 84

5 Symmetrien und Abbildungen 85
5.0 Symmetrien und Abbildungen - Vorbemerkung 85
5.1 Achsenspiegelung und Achsensymmetrie 86
5.2 Punktspiegelung und Punktsymmetrie 89
5.3 Drehung und Drehsymmetrie 92
5.4 Kongruente Figuren 95
Test 98

6 Flächeninhalt ebener Figuren 99
6.0 Flächeninhalt ebener Figuren - Vorbemerkung 99
6.1 Flächeninhalt beim Parallelogramm 100
6.2 Flächeninhalt beim Dreieck 103
6.3 Flächeninhalt beim Trapez 106
Test 108

Stichwortverzeichnis 110

Verzeichnis der Zeichen und Abkürzungen 112

Liebe Schülerin, lieber Schüler,

dieser Band der Reihe „Besser in Mathematik“ hilft dir, deine Kenntnisse im Fach Mathematik zu verbessern. Du kannst gezielt Stoff nachholen und wiederholen, um sicherer zu werden!
Zu allen Bereichen des Mathematikunterrichts sind kleine Aufgaben angeboten, mit denen du selbstständig arbeiten kannst.
Die Schwerpunkte sind:

▷ Definitionen und Regeln kennen und anwenden,
▷ Aufgaben strukturieren und strategisch bearbeiten,
▷ Diagramme und Formeln erstellen und interpretieren,
▷ Zusammenhänge begründen und überprüfen.

Die Texte und die Aufgaben in diesem Buch sind so ausgewählt und zusammengestellt, dass dir die Bearbeitung möglichst leichtfällt.

TIPPS UND INFOS | **Zum Arbeiten mit diesem Buch**

- Lege dir ein **eigenes Arbeitsheft** zu, in das du schreibst.
- Bist du dir beim Lösen der Übungsaufgaben nicht ganz sicher, sieh dir die Beispiele noch einmal genau an.
- Vergleiche deine Ergebnisse mit denen im Lösungsheft.
  Überprüfe bei Fehlern immer genau, was du falsch gemacht hast.
  Verbessere Fehler.
- Am Ende eines jeden Kapitels kannst du in einem kleinen Test überprüfen, ob du den Stoff nun beherrschst. Wenn nicht, bearbeite die entsprechenden Aufgaben in einigen Tagen noch einmal.

Viel Spaß und Erfolg beim Lernen!

1 Brüche

BEVOR ES LOSGEHT

Einige Schüler kennen bisher nur die natürlichen Zahlen einschließlich Null, nämlich $\mathbb{N}_0 = \{0, 1, 2, 3, 4, 5, 6, ...\}$. Manche haben auch schon die ganzen Zahlen kennengelernt, nämlich $\mathbb{Z} = \{... -5, -4, -3, -2, -1, 0, 1, 2, 3, 4, 5, ...\}$ und der Umgang mit einfachen Zahlen, die zwischen diesen ganzen Zahlen liegen, ist den meisten sicher bekannt. So liegt zum Beispiel die **Bruchzahl** $\frac{1}{2}$ in der Mitte zwischen 0 und 1, $2\frac{1}{2}$ liegt in der Mitte zwischen 2 und 3. Verwenden wir $\frac{1}{2}$ im Sinne von „die Hälfte einer Menge, Länge, ...", so bezeichnen wir $\frac{1}{2}$ als **Bruch,** z. B. „$\frac{1}{4}$ von 1000 g" sind 250 g.
In der Regel beschränken wir uns in Kapitel 2 und 3 auf die positiven Zahlen.

DAS MUSST DU WISSEN — Der Begriff „Bruch"

„Bruch" soll in unserem Zusammenhang ein Ausdruck bedeuten, den man als „Quotient" darstellen kann, zum Beispiel $\frac{2}{3}$. Der „Bruchstrich" in der Mitte steht für „geteilt durch", d. h. $\frac{2}{3} = 2 : 3$. Dabei gilt Folgendes:

- **Zähler** heißt die Zahl über dem Bruchstrich,
- **Nenner** heißt die Zahl unter dem Bruchstrich.

Der Nenner gibt an, in wie viele gleiche Teile ein Ganzes geteilt wurde. Der Zähler gibt an, wie viele dieser Teile gemeint sind.
Das Wort „Bruch" kann in diesem Kapitel auch allgemein stehen für:

- **Echter Bruch:** Der Zähler ist kleiner als der Nenner, Beispiel: $\frac{3}{4}$.
- **Unechter Bruch:** Der Zähler ist größer als der Nenner, Beispiel: $\frac{8}{5}$.
- **Gemischter Bruch (gemischte Zahl):** Beispiel: $2\frac{2}{3} = 2 + \frac{2}{3}$.
- **Scheinbruch:** Der Zähler und der Nenner sind gleich, Beispiel: $\frac{3}{3}$.
- **Stammbruch:** Der Zähler ist „1", Beispiele: $\frac{1}{3}$; $\frac{1}{4}$.
- **Zehnerbruch:** Der Nenner ist eine Potenz von 10, Beispiele: $\frac{3}{10}$; $\frac{17}{100}$.
- **Dezimalbruch:** Dieser Begriff wird häufig auch anstelle von „Kommazahl" bzw. „Dezimalzahl" verwendet.

1.1 Brüche erweitern und kürzen

WAS DU SCHON KÖNNEN MUSST

- Ein Bruch ist ein Ausdruck der Form $\frac{a}{b}$, wobei *a* und *b* natürl che Zahlen sind. Achtung: *b* darf nicht 0 sein!
- Die Zahl *a* über dem Bruchstrich heißt „Zähler", die Zahl *b* unter dem Bruchstrich heißt „Nenner".
- Die Zahl *b* gibt an, dass eine bestimmte Größe (z. B. Länge) n *b* gleich große Teile zerlegt wird. Die Zahl *a* gibt die Anzahl dieser Teile an.
- Jeder Bruch lässt sich als Divisionsaufgabe darstellen: $\frac{a}{b} = a : b$.
- Außerdem musst du mit Teilern und Vielfachen arbeiten können.

DARUM GEHT ES

Brüche mit gleichem Wert können verschieden dargestellt werden: Man hat genauso viel, ob man eine Pizza in 3 gleich große Stücke teilt und sich 1 Stück $\left(\frac{1}{3}\text{ Pizza}\right)$ nimmt, oder ob man die gleiche Pizza in 6 Stücke teilt und 2 Stücke $\left(\frac{2}{6}\right)$ nimmt.

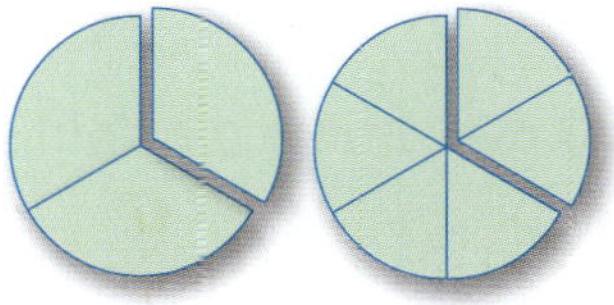

Erweitern und Kürzen sind Operationen, die den Wert eines Bruches nicht ändern. Die beiden Brüche $\frac{1}{3} = \frac{2}{6}$ stehen für dieselbe (Bruch-)Zahl. Außerdem siehst du an der Pizza $\frac{3}{3} = \frac{6}{6} = 1$, nämlich „eine ganze Pizza".

DAS MUSST DU WISSEN — Einen Bruch erweitern und kürzen

Multipliziert man Zähler und Nenner eines Bruches mit derselben Zahl, so hat man den Bruch **erweitert.** Der Wert bleibt dabei unverändert.

$\frac{a}{b} = \frac{a \cdot c}{b \cdot c}$ Beispiel: $\frac{3}{4} = \frac{3 \cdot 2}{4 \cdot 2} = \frac{6}{8} = \frac{12}{16} = \ldots$

Beim Erweitern können unendlich viele neue Brüche gefunden werden, die denselben Wert besitzen.

Dividiert man Zähler und Nenner eines Bruches durch dieselbe Zahl, so hat man den Bruch **gekürzt.** Der Wert bleibt dabei unverändert.

$\frac{a}{b} = \frac{a:c}{b:c}$ Beispiel: $\frac{9}{90} = \frac{9:3}{90:3} = \frac{3}{30} = \frac{1}{10}$

Sind Zähler und Nenner „teilerfremd“, kann man nicht weiter kürzen!

1 Bestimme jeweils die Erweiterungszahl.

a) $\frac{3}{8} = \frac{3 \cdot 5}{8 \cdot 5} = \frac{15}{40}$

b) $\frac{17}{108} = \frac{17 \cdot 10}{108 \cdot 10} = \frac{170}{1080}$

c) $\frac{49}{120} = \frac{49 \cdot 9}{120 \cdot 9} = \frac{441}{1080}$

2 Bestimme die Zahl, mit der gekürzt wurde.

a) $\frac{48}{52} = \frac{48:4}{52:4} = \frac{12}{13}$ b) $\frac{66}{81} = \frac{66:3}{81:3} = \frac{22}{27}$ c) $\frac{54}{96} = \frac{54:6}{96:6} = \frac{9}{16}$

3 Kürze schrittweise so weit wie möglich.

Beispiel: $\frac{36}{40} = \frac{18}{20} = \frac{9}{10}$

$\frac{36}{40}; \frac{39}{65}; \frac{37}{111}; \frac{35}{105}; \frac{57}{19}; \frac{250}{125}; \frac{52}{13}; \frac{51}{170}; \frac{450}{800}; \frac{19}{19}; \frac{51}{85}; \frac{210}{21}$

4 Ergänze fehlende Zähler oder Nenner.

a) $\frac{7}{9} = \frac{56}{72} = \frac{35}{45} = \frac{77}{\square}$

b) $\frac{5}{12} = \frac{30}{\square} = \frac{25}{60} = \frac{75}{\square}$

5 Zerlege zunächst Zähler und Nenner in Primfaktoren und kürze dann.

Beispiel: $\frac{33}{63} = \frac{\cancel{3} \cdot 11}{\cancel{3} \cdot 3 \cdot 7} = \frac{11}{3 \cdot 7} = \frac{11}{21}$

(Das Teilen kann man auch durch gleichzeitiges „Streichen“ eines Faktors in Zähler und Nenner kenntlich machen.)

a) $\frac{16}{260}$ b) $\frac{105}{1225}$ c) $\frac{55}{165}$ d) $\frac{54}{78}$

TIPPS UND INFOS | **So erweiterst du einen Bruch**

Das Erweitern von Brüchen wird benötigt, wenn man mehrere Brüche mit verschiedenen Nennern auf einen gemeinsamen Nenner, den Hauptnenner, bringen will.

Beispiel: $\frac{5}{24}$ und $\frac{13}{60}$ sollen auf den kleinsten gemeinsamen Nenner gebracht werden.

So geht's:

Bestimme das kleinste gemeinsame Vielfache (kgV) der Einzelnenner:

$$24 = 2 \cdot 2 \cdot 2 \cdot 3$$
$$60 = 2 \cdot 2 \quad \cdot 3 \cdot 5$$

Hauptnenner: $\text{kgV}(24; 60) = 2 \cdot 2 \cdot 2 \cdot 3 \cdot 5 = 120$

Lösung: $\frac{5}{24} = \frac{5 \cdot 5}{24 \cdot 5} = \frac{25}{120}$ und $\frac{13}{60} = \frac{13 \cdot 2}{60 \cdot 2} = \frac{26}{120}$

6 **Bringe folgende Brüche jeweils auf den Hauptnenner.**

a) $\frac{13}{48}$ und $\frac{9}{26}$ b) $\frac{21}{25}$ und $\frac{7}{15}$ c) $\frac{3}{14}$ und $\frac{1}{20}$ d) $\frac{17}{81}$ und $\frac{7}{18}$

7 **Gesucht ist der Hauptnenner.**

a) $\frac{11}{12}; \frac{5}{18}; \frac{7}{8}; \frac{1}{9}$ b) $\frac{5}{6}; \frac{1}{8}; \frac{9}{10}; \frac{8}{15}$.

1.2 Addieren und Subtrahieren von Brüchen

WAS DU SCHON KÖNNEN MUSST

- ▷ Kürzen und Erweitern
- ▷ Brüche gleichnamig machen (auf gleichen Nenner bringen)
- ▷ kgV (kleinste gemeinsame Vielfache) bestimmen
- ▷ Gleichnamige Brüche addieren oder subtrahieren

DARUM GEHT ES

In diesem Kapitel lernst du, ungleichnamige Bruchzahlen zu addieren und zu subtrahieren.

Voraussetzung ist, dass du weißt, dass man gleichnamige Brüche addieren und subtrahieren kann, indem man den Nenner beibehält und die Zähler addiert oder subtrahiert.

Beispiel: $\frac{3}{8} + \frac{7}{8} = \frac{3+7}{8} = \frac{10}{8} = \frac{5}{4} = 1\frac{1}{4}$

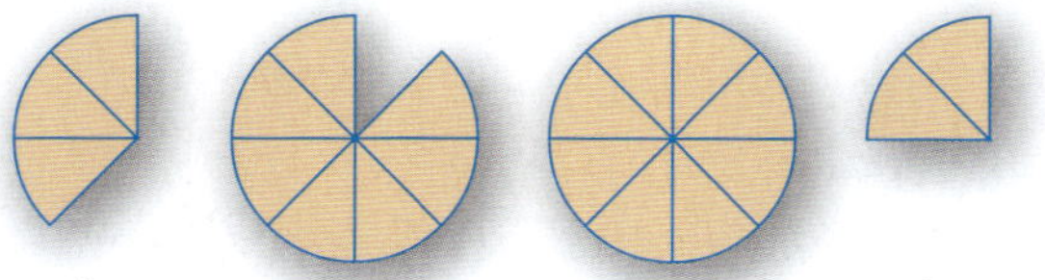

$\frac{3}{8} + \frac{7}{8} = 1 + \frac{2}{8}$

$= 1 + \frac{1}{4} = 1\frac{1}{4}$

BEISPIEL Brüche gleichnamig machen und addieren

$\frac{10}{12} + \frac{2}{9} = ?$

Du machst die Brüche $\frac{10}{12}$, $\frac{2}{9}$ gleichnamig und addierst dann.

So gehst du vor:

1. Du kürzt alle Summanden vollständig und erhältst: $\frac{5}{6} + \frac{2}{9}$.
2. Du bildest das kgV von 6 und 9: kgV (6; 9) = 18 (Hauptnenner).
3. Du erweiterst beide Brüche so, dass sie den Nenner 18 haben: $\frac{5 \cdot 3}{6 \cdot 3} + \frac{2 \cdot 2}{9 \cdot 2} = \frac{15}{18} + \frac{4}{18}$.
4. Jetzt addierst du: $\frac{15}{18} + \frac{4}{18} = \frac{19}{18}$. Dabei addierst du die Zähler und behältst den Nenner bei.
5. Zum Schluss kürzt du vollständig, wenn es möglich ist, und wandelst gegebenenfalls in eine gemischte Zahl um: $\frac{19}{18} = 1\frac{1}{18}$.

Beim Subtrahieren gehst du genauso vor!

Achtung: Wenn du nicht den Hauptnenner gewählt hast, kürze zum Schluss!

1 Addieren, Subtrahieren von Stammbrüchen.

a) $\frac{1}{3} + \frac{1}{4}$ b) $\frac{1}{9} + \frac{1}{4}$ c) $\frac{1}{8} + \frac{1}{6}$

2 Addition und Subtraktion beliebiger ungleichnamiger Brüche.

a) $\frac{5}{12} + \frac{3}{4}$ b) $\frac{5}{3} + \frac{9}{10}$ c) $\frac{3}{14} + \frac{4}{21}$

d) $\frac{3}{14} + \frac{4}{21}$ e) $\frac{8}{15} - \frac{2}{5}$ f) $\frac{17}{18} - \frac{5}{12}$

3 Rechne mit mehreren Summanden bzw. Subtrahenden.

Gib das Ergebnis als vollständig gekürzten Bruch an und schreibe, falls möglich, als gemischte Zahl.

a) $\frac{3}{4} + \frac{5}{6} + \frac{2}{3}$ b) $\frac{7}{15} + \frac{11}{30} + \frac{1}{2}$ c) $\frac{5}{12} + \frac{7}{8} + \frac{4}{15}$

d) $\frac{9}{16} - \frac{1}{3} - \frac{5}{24}$ e) $\frac{9}{14} - \frac{3}{7} - \frac{1}{6}$

4 Berechnen von Termen (Rechenausdrücken).

a) $\frac{3}{4} + \frac{1}{6} - \left(\frac{7}{8} - \frac{2}{3}\right)$ b) $\frac{3}{4} + \frac{1}{6} - \frac{7}{8} - \frac{2}{3}$ c) $\frac{3}{4} + \frac{1}{5} - \frac{7}{8} + \frac{2}{3}$

5 Rechne die folgenden Aufgaben je zweimal.

Wähle als gemeinsamen Nenner beim ersten Mal das Produkt der Nenner und beim zweiten Mal den Hauptnenner.

a) $\frac{7}{12} + \frac{5}{9}$ b) $\frac{3}{20} + \frac{2}{5}$ c) $\frac{5}{28} + \frac{5}{8}$

d) $\frac{13}{15} - \frac{2}{3}$ e) $\frac{4}{5} - \frac{1}{8}$

6 Stelle erst den Term auf und berechne dann.

a) Berechne die Differenz von $\frac{11}{12}$ und $\frac{5}{9}$.

b) Subtrahiere die Differenz von $\frac{8}{5}$ und $\frac{1}{6}$ von der Summe aus $\frac{9}{6}$ und $\frac{8}{3}$.

7 Und zum Schluss noch eine Textaufgabe.

Du willst für eine Party ein Fruchtsaftgetränk mixen. In deinem Rezeptbuch steht: „Mische $\frac{1}{2}$ l Mineralwasser mit $\frac{3}{4}$ l Apfelsaft, $\frac{1}{8}$ l Pfirsichsaft und $\frac{1}{8}$ l Ananassaft. Im Schrank stehen ein 1-l-Krug und ein 2-l-Krug. Reicht das aus?

1.3 Gemischte Zahlen addieren und subtrahieren

WAS DU SCHON KÖNNEN MUSST

- ▷ Hauptnenner bilden
- ▷ Brüche addieren und subtrahieren
- ▷ Verschiedene Darstellungen von Brüchen kennen

DARUM GEHT ES

- ▷ In diesem Kapitel wird noch einmal wiederholt, wie man unechte Brüche in gemischte Zahlen umwandelt und umgekehrt.
- ▷ Es wird erklärt, auf welche Art und Weise man gemischte Zahlen addiert und subtrahiert.
- ▷ Ein besonderes Augenmerk wird dabei auf die Subtraktion gelegt.

DAS MUSST DU WISSEN So formst du um

Einen unechten Bruch erkennst du daran, dass der Zähler größer ist als der Nenner. Diese Zahl ist somit größer als 1 und du kannst sie in eine gemischte Zahl verwandeln.

Beispiel 1: Verwandle $\frac{34}{9}$ in eine gemischte Zahl.

1. Methode: Dividieren. $\frac{34}{9} = 34 : 9 = \underbrace{3}_{\text{ganze Zahl}} + \underbrace{(7 : 9)}_{\text{Rest}} = \underbrace{3}_{\text{ganze Zahl}} + \underbrace{\frac{7}{9}}_{\text{Bruch}} = \underbrace{3\frac{7}{9}}_{\text{gemischte Zahl}}$

2. Methode: Zerlegen. $\frac{34}{9} = \frac{27}{9} + \frac{7}{9} = \underbrace{3}_{\text{ganze Zahl}} + \underbrace{\frac{7}{9}}_{\text{Bruch}} = \underbrace{3\frac{7}{9}}_{\text{gemischte Zahl}}$

Beispiel 2: Schreibe $5\frac{7}{8}$ als unechten Bruch.

1. Methode: Addieren. $5\frac{7}{8} = \frac{5}{1} + \frac{7}{8} = \frac{40}{8} + \frac{7}{8} = \frac{47}{8}$

2. Methode: „Schnellverfahren". $5\frac{7}{8} = \frac{5 \cdot 8 + 7}{8} = \frac{40 + 7}{8} = \frac{47}{8}$

TIPPS UND INFOS Rechnen mit gemischten Brüchen

Es ist vorteilhaft, wenn du die ganzen Zahlen und die Brüche trennst.

Beispiel „Addieren":

$4\frac{3}{7} + 2\frac{1}{3} = 4 + 2 + \frac{3}{7} + \frac{1}{3} = 6 + \frac{9}{21} + \frac{7}{21} = 6 + \frac{9+7}{21} = 6 + \frac{16}{21} = 6\frac{16}{21}$

Achtung, wenn die Summe der Bruchteile „größer als 1" wird:

$4\frac{3}{7} + 2\frac{2}{3} = 4 + 2 + \frac{3}{7} + \frac{2}{3} = 6 + \frac{9}{21} + \frac{14}{21} = 6 + \frac{23}{21} = 6 + \frac{21}{21} + \frac{2}{21} = 7\frac{2}{21}$.

Beispiel „Subtrahieren":

$4\frac{3}{7} - 2\frac{1}{3} = 4 + \frac{3}{7} - 2 - \frac{1}{3} = 2 + \frac{3}{7} - \frac{1}{3}$

$= 2 + \frac{9}{21} - \frac{7}{21} = 2 + \frac{2}{21} = 2\frac{2}{21}$

1 **Wandle die gemischten Zahlen in unechte Brüche um und umgekehrt.**

a) $3\frac{7}{11}$ b) $\frac{15}{4}$ c) $1\frac{3}{7}$ d) $7\frac{5}{8}$ e) $\frac{49}{5}$ f) $\frac{101}{10}$

2 **Addiere.**

a) $5\frac{1}{2} + 7\frac{2}{9}$ b) $4\frac{3}{7} + 3\frac{1}{6}$ c) $8\frac{3}{4} + 7\frac{5}{6}$ d) $1\frac{5}{12} + 3\frac{5}{8}$

3 **Subtrahiere.**

a) $9\frac{3}{4} - 5\frac{1}{2}$ b) $20\frac{4}{7} - 10\frac{1}{3}$ c) $8\frac{5}{9} - 8\frac{1}{6}$ d) $5\frac{7}{12} - 3\frac{1}{4}$

TIPPS UND INFOS **Differenz kleiner als 0**

Wenn die Differenz der Bruchteile „kleiner als 0" wird, musst du dir bei den „Ganzen" $\frac{1}{1}$ „leihen".

Beispiel: $4\frac{3}{7} - 2\frac{2}{3} = 4 - 2 + \underbrace{\frac{3}{7} - \frac{2}{3}}_{<0} = 2 + \frac{9}{21} - \frac{14}{21} = \underbrace{1 + \frac{21}{21}}_{=2} + \frac{9}{21} - \frac{14}{21}$

$= 1 + \frac{21 + 9 - 14}{21} = 1\frac{16}{21}$

4 **Berechne.**

a) $9\frac{1}{6} - 5\frac{3}{4}$ b) $15\frac{3}{7} - 10\frac{4}{5}$ c) $9\frac{2}{9} - 8\frac{5}{6}$

TIPPS UND INFOS **Umwandeln in unechte Brüche**

Du kannst gemischte Brüche auch addieren und subtrahieren, indem du sie in unechte Brüche verwandelst.

Beispiel: $4\frac{3}{7} - 2\frac{2}{3} = \frac{31}{7} - \frac{8}{3} = \frac{93}{21} - \frac{56}{21} = \frac{93 - 56}{21} = \frac{37}{21} = 1\frac{16}{21}$

5 **Berechne wie im Beispiel.**

a) $6\frac{1}{4} + 3\frac{4}{5}$ b) $20\frac{1}{7} - 10\frac{2}{3}$ c) $8\frac{2}{5} - 7\frac{5}{6}$

6 **Berechne.**

a) Wie groß ist die Differenz aus $34\frac{1}{4}$ und der Summe von $4\frac{1}{6} + 5\frac{1}{8}$?

b) Von welcher Zahl muss man $4\frac{1}{6}$ subtrahieren, um $455\frac{12}{120}$ zu erhalten?

1.4 Multiplizieren und dividieren von Bruchzahlen mit einer natürlichen Zahl

WAS DU SCHON KÖNNEN MUSST

- ▷ Multiplizieren und Dividieren
- ▷ Umwandeln von Bruchzahlen verschiedener Darstellung
- ▷ Kürzen

DARUM GEHT ES

In diesem Kapitel lernst du, Bruchzahlen mit einer natürlichen Zahl zu multiplizieren oder durch eine solche zu dividieren, also zu vervielfachen und zu teilen.

DAS MUSST DU WISSEN **So multiplizierst du Brüche mit …**

… einer natürlichen Zahl:

Du multiplizierst die natürliche Zahl mit dem Zähler der Bruchzahl und behältst den Nenner bei. Bei Stammbrüchen ist das sofort einleuchtend:

Beispiel 1: $\frac{1}{3} \cdot 4 = \frac{1 \cdot 4}{3} = \frac{4}{3} = 1\frac{1}{3}$

Beispiel 2: $\frac{2}{3} \cdot 4 = \frac{2 \cdot 4}{3} = \frac{8}{3} = 2\frac{2}{3}$

Bei der Multiplikation kannst du die Faktoren vertauschen:

$\frac{2}{3} \cdot 4 = 4 \cdot \frac{2}{3} = \frac{8}{3} = 2\frac{2}{3}$

DAS MUSST DU WISSEN **So dividierst du Brüche …**

… durch eine natürliche Zahl:

Du multiplizierst die natürliche Zahl mit dem Nenner der Bruchzahl und behältst den Zähler bei.

Erinnere dich: Der Bruchstrich bedeutet „geteilt durch“.

Beispiel 1: $\frac{2}{3} : 2 = \frac{2}{3 \cdot 2} = \frac{2}{6} = \frac{1}{3}$

Beispiel 2: $\frac{2}{3} : 4 = \frac{2}{3 \cdot 4} = \frac{2}{12} = \frac{1}{6}$

Achtung: Bei der Division gilt das Vertauschungsgesetz **nicht!**

Beachte außerdem: $4 \cdot \frac{2}{3}$ **ist ungleich** $4\frac{2}{3}$,

denn $4 \cdot \frac{2}{3} = \frac{4 \cdot 2}{3} = \frac{8}{3} = 2\frac{2}{3}$ **und** $4\frac{2}{3} = 4 + \frac{2}{3} = \frac{12}{3} + \frac{2}{3} = \frac{14}{3} = 4\frac{2}{3}$.

1 Berechne.

a) $\frac{2}{5} \cdot 2$ b) $\frac{3}{8} \cdot 2$ c) $\frac{3}{4} \cdot 3$

d) $\frac{5}{7} \cdot 4$ e) $\frac{7}{10} \cdot 3$ f) $9 \cdot \frac{11}{12}$

2 Berechne.

a) $\frac{1}{5} : 2$ b) $\frac{2}{3} : 4$ c) $\frac{3}{4} : 2$

d) $\frac{5}{7} : 3$ e) $\frac{9}{10} : 3$ f) $1\frac{1}{11} : 2$

TIPPS UND INFOS **Kürzen vor dem Ausrechnen**

Beim Vervielfachen und Teilen erhält man oft Brüche, die man noch kürzen kann. Dann ist es vorteilhaft, vor dem Ausrechnen zu kürzen.

Beispiel: $\frac{7}{18} \cdot 12 = \frac{7 \cdot 12}{18} = \frac{7 \cdot 2}{3} = \frac{14}{3} = 4\frac{2}{3}$,

denn $\frac{7 \cdot 12}{18} = \frac{7 \cdot \cancel{6} \cdot 2}{\cancel{6} \cdot 3} = \frac{14}{3}$

(Gleiche Faktoren in Zähler und Nenner „heben sich auf".)

3 Berechne. Kürze vor dem Ausrechnen.

a) $\frac{2}{15} \cdot 20$ b) $\frac{7}{8} \cdot 24$ c) $\frac{9}{16} \cdot 64$

d) $\frac{8}{35} : 16$ e) $\frac{12}{13} : 8$ f) $\frac{77}{100} : 11$

4 Marlene muss heute viele Bücher mit in die Schule nehmen.

Zwei Bücher wiegen $\frac{7}{10}$ kg, drei Bücher wiegen $\frac{4}{5}$ kg und der Atlas ist $1\frac{1}{5}$ kg schwer. Alle Hefte wiegen $1\frac{1}{2}$ kg, das Mäppchen wiegt 250 g.
Wie schwer ist der Inhalt von Marlenes Ranzen?

5 Berechne.

a) Welche natürliche Zahl ist Lösung?

$x \cdot \frac{2}{5} = 4$ $\qquad y \cdot \frac{7}{9} = 14$ $\qquad \frac{z \cdot 7}{24} = 3\frac{1}{2}$

b) Welche Bruchzahl ist Lösung?

$x \cdot 7 = \frac{14}{15}$ $\qquad 9 \cdot y = 6\frac{3}{4}$ $\qquad 5 \cdot z = 6\frac{3}{7}$

1.5 Multiplizieren von Brüchen mit Bruchzahlen

WAS DU SCHON KÖNNEN MUSST

- ▷ Multiplizieren und Dividieren
- ▷ Umwandeln von Bruchzahlen verschiedener Darstellung
- ▷ Kürzen
- ▷ Einfache Bruchteile einer Größe bestimmen

DARUM GEHT ES

In diesem Kapitel lernst du, eine Bruchzahl mit einer anderen Bruchzahl zu multiplizieren.

Beispiel: Wir wollen das $1\frac{1}{2}$-Fache von $\frac{3}{4}$ l bestimmen, also $\frac{3}{4}\,\text{l} \cdot 1\frac{1}{2} = \frac{3}{4}\,\text{l} \cdot \frac{3}{2}$.

DAS MUSST DU WISSEN So multiplizierst du Brüche …

… mit einer Bruchzahl:

Bruchzahlen werden miteinander multipliziert, indem man Zähler mit Zähler und Nenner mit Nenner multipliziert.

Da man jede ganze Zahl als Bruch schreiben kann, z. B. gilt $5 = \frac{5}{1}$, kann diese Regel allgemein für die Multiplikation mit Brüchen verwendet werden.

Beispiel: $\frac{3}{4} \cdot \frac{3}{2} = \frac{3 \cdot 3}{4 \cdot 2} = \frac{9}{8} = 1\frac{1}{8}$

1. Faktor · 2. Faktor → Produkt

Auch hierbei gilt wieder: Wenn es möglich ist, vor dem Ausrechnen kürzen! Unechte Brüche im Ergebnis in gemischte Zahlen umwandeln!

1 **Schreibe als Produkt und berechne wie im Beispiel: Wie viel sind …**

Beispiel: $\frac{2}{5}$ von $\frac{3}{4}$ l sind $\frac{2}{5} \cdot \frac{3}{4}\,\text{l} = \frac{1}{5} \cdot \frac{3}{2}\,\text{l} = \frac{1 \cdot 3}{5 \cdot 2}\,\text{l} = \frac{3}{10}\,\text{l}$

a) $\frac{3}{7}$ von $\frac{1}{2}$ kg, b) $\frac{2}{3}$ von $\frac{7}{8}\,\text{m}^2$, c) $\frac{1}{3}$ von $\frac{3}{4}$ h,

d) $\frac{1}{6}$ von $\frac{7}{10}$ cm, e) $\frac{5}{6}$ von $\frac{7}{10}$ cm?

2 **Wie viel ist**

a) die Hälfte von $1\frac{1}{4}$ kg, b) zwei Drittel einer $\frac{3}{4}$ Stunde,

c) die Hälfte von der Hälfte von der Hälfte?

3 **Berechne folgende Produkte.**

a) $\frac{7}{9} \cdot \frac{5}{8}$ b) $\frac{15}{14} \cdot \frac{6}{7}$ c) $\frac{12}{13} \cdot \frac{4}{5}$

d) $\frac{19}{11} \cdot \frac{3}{11}$ e) $\frac{5}{9} \cdot \frac{5}{9}$ f) $\left(\frac{11}{12}\right)^2$

4 **Berechne das Produkt, kürze – wenn möglich – vor dem Ausrechnen.**

a) $\frac{15}{14} \cdot \frac{7}{25}$ b) $\frac{36}{37} \cdot \frac{74}{9}$ c) $\frac{19}{17} \cdot \frac{51}{57}$

d) $\frac{450}{390} \cdot \frac{117}{135}$ e) $\frac{720}{86} \cdot \frac{43}{240}$

5 **Berechne das Produkt und kürze möglichst früh.**

a) $\frac{44}{49} \cdot \frac{7}{3} \cdot \frac{33}{5} \cdot \frac{15}{121}$ b) $\frac{13}{18} \cdot \frac{21}{17} \cdot \frac{108}{39} \cdot \frac{34}{28}$ c) $\frac{9}{16} \cdot \frac{45}{48} \cdot \frac{28}{54} \cdot \frac{64}{70}$

TIPPS UND INFOS **Multiplizieren von gemischten Zahlen**

Wandle beim Multiplizieren von gemischten Zahlen zunächst in einen unechten Bruch um und multipliziere dann.

Beispiel: $1\frac{3}{4} \cdot 2\frac{4}{9} = \left(1 + \frac{3}{4}\right) \cdot \left(2 + \frac{4}{9}\right) = \frac{7}{4} \cdot \frac{22}{9} = \frac{7 \cdot 11}{2 \cdot 9} = \frac{77}{18} = 4\frac{5}{18}$

Hier darfst du **nicht** Ganze mit Ganzen und Bruchteil mit Bruchteil multiplizieren: $1\frac{3}{4} \cdot 2\frac{4}{9} \neq 1 \cdot 2 \cdot \frac{3}{4} \cdot \frac{4}{9} = 1 \cdot 2 \cdot \frac{1}{3} = \frac{2}{3} \neq 4\frac{5}{18}$

(vgl. Beispielrechnung).

6 **Bilde das Produkt von folgenden gemischten Zahlen. Wandle erst um.**

a) $5\frac{3}{7} \cdot 2\frac{4}{19}$ b) $20\frac{1}{4} \cdot 2\frac{2}{9}$ c) $6\frac{6}{7} \cdot 2\frac{11}{12}$ d) $11\frac{2}{3} \cdot \frac{4}{51}$

7 **Berechne wie im Beispiel.**

Beispiel: $6\frac{1}{4} \cdot 2 = 6 \cdot 2 + \frac{1}{4} \cdot 2 = 12 + \frac{2}{4} = 12\frac{1}{2}$.

a) $5\frac{5}{6} \cdot 8$ b) $1\frac{1}{5} \cdot 7$ c) $12\frac{4}{15} \cdot 30$

d) $8\frac{3}{4} \cdot 7$ e) $65\frac{66}{67} \cdot 0$

1.6 Dividieren von Brüchen durch eine Bruchzahl

WAS DU SCHON KÖNNEN MUSST

- ▷ Multiplizieren und Dividieren
- ▷ Umwandeln von Bruchzahlen verschiedener Darstellung
- ▷ Kürzen von Brüchen
- ▷ Wissen, dass das Produkt aus Quotient und Divisor den Dividenden ergibt (Beispiel: Wenn 16 : 8 = 2, dann ist auch 2 · 8 = 16.)
- ▷ Wissen, dass man durch „0“ nicht dividieren darf

DARUM GEHT ES

In diesem Kapitel lernst du, eine Bruchzahl durch eine andere Bruchzahl zu dividieren.

Beispiel: $4\frac{1}{2}$ l Saft sollen auf Flaschen zu je einem $\frac{3}{4}$ l verteilt werden. Wie viele Flaschen werden benötigt? Du musst also rechnen:
$4\frac{1}{2}\,\text{l} : \frac{3}{4}\,\text{l} = \frac{9}{2} : \frac{3}{4} = \frac{18}{4} : \frac{3}{4}$ und da $\frac{3}{4} + \frac{3}{4} + \frac{3}{4} + \frac{3}{4} + \frac{3}{4} + \frac{3}{4} = 6 \cdot \frac{3}{4} = \frac{18}{4}$ ist, werden 6 Flaschen benötigt.

Auf dasselbe Ergebnis kommst du, wenn du rechnest:
$\frac{18}{4} : \frac{3}{4} = \frac{18}{4} \cdot \frac{4}{3} = \frac{18}{3} = 6.$

DAS MUSST DU WISSEN | **So dividierst du Brüche …**

… durch eine Bruchzahl:

Bestimmt werden soll zum Beispiel $\frac{4}{5} : \frac{7}{15} = x$. Also muss gelten $x \cdot \frac{7}{15} = \frac{4}{5}$, das x erhält man durch Bilden des Gegenoperators zu $\frac{7}{15}$, nämlich $\frac{15}{7}$, also $x = \frac{4}{5} \cdot \frac{15}{7}$.

Beispiel: $\frac{4}{5} : \frac{7}{15} = \frac{4}{5} \cdot \frac{15}{7} = \frac{4 \cdot 3}{1 \cdot 7} = \frac{12}{7} = 1\frac{5}{7}$

Dividend : Divisor = Dividend · Kehrwert → Quotient

Auch hierbei gilt wieder: Wenn nötig, kürze so früh wie möglich.
Unechte Brüche im Ergebnis in gemischte Zahlen umwandeln!

1 **Berechne den Quotienten.**

a) $\frac{3}{5} : \frac{4}{7}$ b) $\frac{5}{9} : \frac{12}{13}$ c) $\frac{63}{17} : \frac{42}{68}$

d) $\frac{27}{32} : \frac{9}{16}$ e) $\frac{215}{216} : \frac{135}{64}$

2 **Berechne. Wandle vorher um.**

a) $6\frac{4}{5} : 3$ b) $2\frac{3}{7} : 1\frac{3}{14}$ c) $5\frac{2}{3} : 2\frac{3}{5}$ d) $12\frac{1}{4} : 12\frac{1}{4}$

3 **Dividiere den Dividenden nacheinander durch die folgenden Zahlen.**

a) Dividend $\frac{4}{7}$, dividiere durch $1, \frac{1}{2}, \frac{1}{4}, \frac{1}{8}, \ldots$;

b) Dividend $\frac{4}{7}$, dividiere durch 1, 2, 4, 8, ... Was fällt dir auf?

TIPPS UND INFOS – **Rechnen mit Doppelbrüchen**

Da sich jeder Bruch als Division darstellen lässt, kann man Doppelbrüche als Divisionsaufgabe schreiben.

$$\frac{\frac{3}{4}}{\frac{4}{5}} = \frac{3}{4} : \frac{4}{5} = \frac{3}{4} \cdot \frac{5}{4} = \frac{15}{16}$$

Achte darauf, wo der Hauptbruchstrich ist!

4 **Berechne die Doppelbrüche.**

a) $\frac{\frac{7}{9}}{\frac{14}{27}}$ b) $\frac{\frac{4}{5}}{5}$ c) $\frac{3\frac{5}{6}}{1\frac{2}{3}}$

5 **In einem Krug sind $1\frac{1}{2}$ l Saft. Wie viele $\frac{1}{5}$ l große Gläser können damit gefüllt werden?**

6 **Welche der folgenden Aussagen sind wahr?**

a) $\frac{7}{8} : 0 = 0$ b) $\frac{1}{2} : \frac{1}{2} = 1$ c) $\frac{1}{2} : 2 = 1$ d) $\frac{4}{5} \cdot \frac{25}{16} > \frac{4}{5} : \frac{16}{25}$

7 **$\frac{13}{21}$ einer Zahl ist $5\frac{4}{7}$. Wie heißt die Zahl?**

1.7 Rechengesetze und Berechnung von einfachen Termen

WAS DU SCHON KÖNNEN MUSST

- ▷ Du kennst die Grundrechenarten für Bruchzahlen.
- ▷ Du bist mit dem Vertauschungsgesetz (Kommutativgesetz), dem Verbindungsgesetz (Assoziativgesetz) und dem Verteilungsgesetz (Distributivgesetz) vertraut (vgl. Besser in Mathematik, Klasse 5).
- ▷ Du kennst die Reihenfolge der Berechnung: Punkt- vor Strichrechnung (Klammer zuerst); wenn sich keine bekannte Regel anwenden lässt, dann rechne von links nach rechts.
- ▷ Du kannst Terme (Rechenausdrücke) aufstellen und kennst die dafür notwendigen Begriffe (Summe, Differenz, Produkt, Quotient, ...).

DARUM GEHT ES

In diesem Kapitel lernst du, die Grundrechenarten miteinander zu verbinden. Es kommt auf die Reihenfolge der Berechnung an. Die oben angegebenen Rechengesetze für die natürlichen Zahlen gelten auch für die Bruchrechnung.

DAS MUSST DU WISSEN — Rechnen mit ...

... mehreren miteinander verknüpften Bruchzahlen

Für alle Aufgaben gilt: Rechne schrittweise untereinander, schreibe auch das auf, was du noch nicht berechnet (bzw. umgewandelt) hast.

Beispiel: Es gilt: „Punkt vor Strich, Klammer zuerst!“ (Die „Punktrechnung“ wird auch schon vorbereitet.)

$5\frac{1}{4} \cdot 3\frac{1}{6} - \left(2\frac{1}{9} + 4\frac{1}{6}\right)$

$= \frac{21}{4} \cdot \frac{19}{6} - \left(\frac{19}{9} + \frac{25}{6}\right)$ (vor dem Multiplizieren kürzen)

$= \frac{7}{4} \cdot \frac{19}{2} - \left(\frac{38}{18} + \frac{75}{18}\right)$ (zum Addieren: Hauptnenner bilden)

$= \frac{133}{8} - \frac{113}{18}$ („paralleles Rechnen“ (Punkt/Klammer) möglich)

$= \frac{1197}{72} - \frac{452}{72}$ (zum Subtrahieren: Hauptnenner bilden)

$= \frac{745}{72} = 10\frac{25}{72}$ (zum Schluss: in eine gemischte Zahl verwandeln)

1.7 Rechengesetze und Berechnung von einfachen Termen

TIPPS UND INFOS | **Merkregel „KlaPoPuStri"**

Reihenfolge der Berechnung:
Erst **Kla**mmer rechnen, dann: **Po**tenzrechnung, **Pu**nktrechnung, **Stri**chrechnung! Bei gleichartiger Rechnung rechne von links nach rechts!

1 **Berechne und denke an die Reihenfolge „Punkt vor Strich".**

a) $11\frac{1}{5} - 3\frac{1}{2} \cdot 2\frac{3}{7}$ b) $\frac{7}{15} + 4\frac{1}{5} : 6\frac{2}{3}$ c) $\frac{12}{25} : \frac{4}{5} - \frac{3}{10}$

2 **Berechne. Bei mehreren Klammern rechnest du erst die „innere".**

a) $\left(\frac{2}{3} + 2\frac{1}{3} \cdot \frac{3}{5}\right) : \left(15\frac{1}{2} - 3\frac{1}{10}\right)$ b) $\left[4\frac{1}{2} - \left(1\frac{3}{4} + 2\frac{3}{5}\right)\right] \frac{9}{25}$

3 **Stelle den Term auf und berechne dann.**

a) Multipliziere die Summe aus $\frac{5}{9}$ und $\frac{5}{6}$ mit $3\frac{3}{5}$.

b) Dividiere das Produkt von $4\frac{2}{5}$ und $3\frac{3}{4}$ durch $8\frac{4}{5}$.

c) Dividiere 10 durch die Differenz aus $4\frac{1}{2}$ und $3\frac{1}{3}$.

4 **Berechne. Schreibe für den großen Bruchstrich „geteilt durch".**

a) $\dfrac{\frac{2}{5} + \frac{3}{8}}{\frac{9}{10} - \frac{3}{5}}$ b) $\dfrac{\frac{1}{12} : \left(\frac{7}{8} - \frac{5}{6}\right)}{4\frac{1}{3} - 2\frac{3}{7}}$ c) $\dfrac{4\frac{7}{8} + 1\frac{1}{6}}{3\frac{5}{8} - \frac{7}{12} \cdot 1\frac{1}{7}}$

5 **Berechne die Aufgaben auf 2 Arten.**

BEISPIEL

Berechnung mit natürlichen Zahlen:
1. Methode: $(50 + 4) \cdot 3 = 50 \cdot 3 + 4 \cdot 3 = 150 + 12 = 162$
2. Methode: $(50 + 4) \cdot 3 = 54 \cdot 3 = 162$

a) $\left(2\frac{1}{2} + 2\frac{2}{5}\right) \cdot \frac{5}{7}$ b) $\frac{4}{5} \cdot \left(\frac{15}{16} - \frac{3}{4}\right)$ c) $\left(\frac{3}{5} + 3\frac{1}{4}\right) : \frac{3}{8}$

6 **Zum Weiterdenken: Bestimme die Lösungsmenge für *x*!**

a) $x \cdot \frac{4}{9} = 2\frac{2}{3}$ b) $\frac{3}{10} \cdot x = 0$ c) $5\frac{3}{5} \cdot x = 3\frac{11}{15}$ d) $\frac{7}{9} \cdot x = \frac{7}{9}$

1.8 Sachaufgaben zur Bruchrechnung

WAS DU SCHON KÖNNEN MUSST

- ▷ Geübter Umgang mit allen Rechenarten zur Bruchrechnung
- ▷ Kenntnis im Umgang mit den Begriffen „Anteil“, „Bruchteil“, „Ganzes“
- ▷ Beim Lösen von Sachaufgaben: Rechenplan erstellen

DAS MUSST DU WISSEN So löst du Sachaufgaben

Eine Textaufgabe muss zunächst verstanden werden und du musst überlegen, wonach **gefragt** ist. Danach zerlegst du ihre Bestandteile in Teilprobleme und erstellst dir einen **Rechenplan,** den du dann durchführst. Zum Schluss formulierst du die **Antwort.**
Diese Strategie (Frage – Rechnung – Antwort) gilt übrigens für alle Textaufgaben, nicht nur für die aus dem Bereich der Bruchrechnung.

BEISPIEL

Aufgabe: In der Klasse 6c sind 30 Schülerinnen und Schüler. Bei einem Spiel wird die Klasse in drei Spielgruppen eingeteilt. In der ersten Gruppe sind $\frac{1}{3}$ der Schüler der Klasse, in der zweiten Gruppe $\frac{2}{5}$ und die übrigen Schüler bilden die dritte Gruppe. Wie viele Schüler sind in den einzelnen Gruppen.

Lösung:

1. **Verstehen der Aufgabe:**
   a) Was ist gegeben? 30 Schüler (Ganzes), $\frac{1}{3}$, $\frac{2}{5}$ Anteile der Gruppen 1 und 2.
   b) Was ist gesucht? Anteil Gruppe 3, Bruchteile Gruppen 1 bis 3.
2. **Zerlegen in Teilprobleme:**
   a) Berechnen des Anteils der dritten Gruppe.
   b) Berechnen der Bruchteile der einzelnen Gruppen bezogen auf das Ganze.
3. **Rechnung durchführen:**
   Anteil Gruppe 3: $1 - \frac{1}{3} - \frac{2}{5} = \frac{15}{15} - \frac{5}{15} - \frac{6}{15} = \frac{4}{15}$
   Bruchteile der Gruppen:
   1.) $30 \cdot \frac{1}{3} = 10$ 2.) $30 \cdot \frac{2}{5} = 12$ 3.) $30 \cdot \frac{4}{15} = 8$
   Probe: $10 + 12 + 8 = 30$
4. **Antwort formulieren:** In der ersten Gruppe sind 10, in der zweiten 12 und in der dritten 8 Schüler.

1 Die Erdoberfläche ist ca. 510 Mio. km² groß. $\frac{3}{10}$ der Erdoberfläche sind Land, der Rest ist mit Wasser bedeckt.

a) Berechne die Landfläche und die Wasserfläche in km^2.

b) Auf der Nordhalbkugel sind etwa $\frac{3}{5}$ der Erde mit Wasser bedeckt und ca. $\frac{2}{5}$ mit Land. Gib die Angaben in km^2 an.

c) Bestimme mithilfe der obigen Angaben, welchen Ante l die Wasseroberfläche und welchen Anteil die Landoberfläche auf der Südhalbkugel ausmachen.

2 Eine Streichholzschachtel ist $5\frac{1}{5}$ cm lang, $3\frac{3}{5}$ cm breit und $1\frac{1}{5}$ cm hoch. Berechne:

a) den Rauminhalt,
b) den Oberflächeninhalt der Schachtel,
c) den Flächeninhalt der beiden Reibflächen.

3 Ein Flugzeug soll eine Gewitterfront überfliegen und seine Flughöhe um $\frac{2}{9}$, das sind 1200 m, erhöhen.
Ermittle die Höhe, die das Flugzeug beim Überfliegen der Gewitterfront hat.

4 Höhe des Leutturmes berechnen
$\frac{1}{5}$ der Gesamthöhe eines Leuchtturmes befindet sich unter dem Meeresboden (Fundamente). $\frac{1}{3}$ befindet sich im Wasser (d. h. zwischen Meeresboden und Wasseroberfläche). 35 m ragen über das Wasser hinaus. Gib die Gesamthöhe des Leuchtturmes an.

5 Ein Grundstück wird geteilt.
Herr Groß hat ein rechteckiges Grundstück von 53 m Länge und 32 m Breite. Er möchte ein rechteckiges, 400 m^2 großes Stück verkaufen, indem er sein Grundstück in der Länge verkürzt. Um wie viele Meter verkürzt sich somit die Länge seines verbleibenden Grundstücks?

Test

1 Ergänze fehlende Zähler oder Nenner.

a) $\frac{7}{9} = \frac{\square}{72} = \frac{35}{\square} = \frac{77}{\square}$ b) $\frac{5}{12} = \frac{30}{\square} = \frac{\square}{60} = \frac{75}{\square}$ |3|

2 Ordne nach der Größe.

$\frac{5}{8}; \frac{5}{5}; \frac{5}{9}; \frac{5}{14}; \frac{5}{11}; \frac{7}{5}; \frac{5}{7}; \frac{5}{20}; \frac{7}{3}; \frac{7}{2}; \frac{5}{6}$ |3|

3 Berechne. Kürze das Ergebnis so weit wie möglich. Schreibe, wenn nötig, als gemischte Zahl.

a) $\frac{2}{5} + \frac{1}{6}$ b) $\frac{8}{9} - \frac{5}{6}$ c) $\frac{19}{24} - \frac{11}{30}$

d) $\frac{11}{30} + \frac{11}{150} + \frac{4}{25}$ e) $9\frac{3}{8} - 2\frac{3}{5}$ |15|

4 Berechne. Kürze möglichst frühzeitig.

a) $\frac{12}{35} \cdot \frac{25}{42}$ b) $\frac{2}{5} \cdot 4$ c) $6\frac{6}{7} \cdot 2\frac{11}{20}$

d) $\frac{12}{7} \cdot \frac{16}{45} \cdot \frac{21}{36} \cdot \frac{9}{8}$ e) $\frac{6}{7} : 9$ f) $\frac{14}{15} : \frac{7}{10}$ |13|

5 Berechne. Beachte die Rechenregeln.

a) $\frac{16}{15} : \frac{8}{5} - \frac{3}{8} + \frac{15}{4} \cdot \frac{2}{5}$ b) $\left(1\frac{3}{5} + 2\frac{1}{2} \cdot \frac{4}{5}\right) : \left(2 - \frac{2}{7}\right)$ |10|

6 Von den 660 Mitgliedern eines Sportvereins betreiben $\frac{3}{4}$ aktiv Sport. $\frac{4}{5}$ davon spielen Fußball. In der Fußballabteilung sind $\frac{1}{12}$ Mädchen.

a) Bestimme den Anteil der Vereinsmitglieder, der Fußball spielt.

b) Gib an, wie viele Mädchen in diesem Verein Fußball spielen. |6|

|50|

Wie viele Punkte hast du? Erreichst du mehr als 39 Punkte, beherrschst du den Inhalt des Kapitels wirklich gut. Erreichst du weniger als 20 Punkte, dann solltest du dieses Kapitel wiederholen.

2 Dezimalzahlen

2.1 Dezimalzahlen – Zehnerbrüche

WAS DU SCHON KÖNNEN MUSST

- ▷ Du weißt, dass das Zehnersystem (Dezimalsystem) ein Stellenwertsystem ist. Bei ganzen Zahlen beginnt es mit der Ziffer ganz rechts mit der „Einerstelle", bei den nächsten Stellen wird der Wert der Ziffer auf dieser Stelle jeweils mit 10, dann mit 100, dann mit 1000 usw. multipliziert (Einer, Zehner, Hunderter, Tausender ...). Alle Werte addiert, ergeben die Zahl.
  Beispiel: $523 = 3 \cdot 1 + 2 \cdot 10 + 5 \cdot 100 = 3 + 20 + 500$
- ▷ Du kannst Brüche erweitern und kürzen.
- ▷ Du weißt, dass von zwei Bruchzahlen mit gleichem Zähler diejenige kleiner ist, deren Nenner größer ist.

DARUM GEHT ES

Dezimalzahlen werden auch Kommazahlen genannt. Kommazahlen sind dir aus dem Alltag schon bekannt: Du bezahlst 1,80 €, läufst 0,5 km, hast 36,8 °C Körpertemperatur ... Es geht nun darum, die Stellen rechts vom Komma einer Dezimalzahl als Bruchzahlen zu schreiben. Umgekehrt können wir aber auch echte Brüche als „Stellen" hinter dem Komma ausdrücken. Die Stellen vor dem Komma geben die Ganzen an: 1,12 ist 1 + 0,12.

Hinweis: Wir verwenden hier den Begriff **Dezimalzahl** oder **Dezimalbruch** für „Kommazahl", z. B. 0,75, und das Wort „Bruch", z. B. für $\frac{3}{4}$.

TIPPS UND INFOS | Brüche in Zehnerbrüche umwandeln

Enthält der Nenner eines Bruchs nur die Teiler 2 und 5, d. h., lässt sich der Nenner als Produkt der Zahlen 2 und 5 schreiben, dann kann der Bruch durch Erweitern in einen Zehnerbruch umgewandelt werden.

Beispiel: $\frac{3}{20} = \frac{3 \cdot 5}{20 \cdot 5} = \frac{15}{100}$

DAS MUSST DU WISSEN – Die „Nachkommastelle“ als Bruch

Die erste Stelle rechts vom Komma ist die „Zehntel-Stelle“, es folgen die „Hundertstel-Stelle“, die „Tausendstel-Stelle“ usw. Konkret heißt das: $0{,}1 = \frac{1}{10}$; $0{,}01 = \frac{1}{100}$; $0{,}001 = \frac{1}{1000}$.

Beispiel: $0{,}23 = \frac{2}{10} + \frac{3}{100} = \frac{20}{100} + \frac{3}{100} = \frac{23}{100}$

Am besten lässt sich das an einer Stellentafel veranschaulichen:

	Hunderter	Zehner	Einer	Zehntel	Hundertstel	Tausendstel	
	100er	10er	1er	10tel	100tel	1000tel	
	H	Z	E	z	h	t	
358,4	3	5	8,	4			$3 \cdot 100 + 5 \cdot 10 + 8 \cdot 1 + 4 \cdot \frac{1}{10} = 358\frac{4}{10}$
27,086		2	7,	0	8	6	$2 \cdot 10 + 7 \cdot 1 + 0 \cdot \frac{1}{10} + 8 \cdot \frac{1}{100} + 6 \cdot \frac{1}{1000} = \frac{27086}{1000}$

1 Lege eine Stellentafel an und trage die folgenden Dezimalzahlen ein.

50,02; 3,1704; 300,05; 0,05; 0,001; 4,020406; 0,00101

…	H	Z	E	z	h	t	zt	h	…

2 **Schreibe die Ziffern aus der Stellentafel als Dezimalzahlen und dann als Brüche.**

H	Z	E	z	h	t	zt	ht
		2	5	5			
	1	3	0	4			
6	0	6	1	0	5		
		9	9	9			

3 **Schreibe die folgenden echten Brüche als Dezimalzahl.**

$\frac{4}{10}$; $\frac{1}{10}$; $\frac{35}{100}$; $\frac{80}{100}$; $\frac{5}{100}$; $\frac{678}{1000}$; $\frac{509}{1000}$; $\frac{17}{1000}$; $\frac{20}{1000}$; $\frac{5}{1000}$

4 **Schreibe die gemischten Zahlen in Dezimalschreibweise.**

$2\frac{9}{10}$; $3\frac{17}{100}$; $6\frac{7}{100}$; $20\frac{782}{1000}$; $12\frac{3}{1000}$; $31\frac{375}{1000}$; $5\frac{101}{10\,000}$;

$1\frac{10}{1000}$; $\frac{425}{100}$ (!)

5 **Schreibe die Kommazahlen als echten Bruch oder als gemischte Zahl.**

0,5; 0,375; 0,28; 0,045; 4,65; 50,05; 10,001; 0,20; 0,02

6 **Schreibe als gekürzten Bruch.**

Beispiel: $0{,}25 = \frac{25}{100} = \frac{1}{4}$

0,4; 0,6; 0,75; 0,125; 0,625; 0,105; 0,16; 0,85; 0,28

7 **Wiederholung – Schreibe in der nächsthöheren Einheit.**

a) 175 g
b) 2 025 g
c) 375 m
d) 216 dm^2
e) 750 cm^3
f) 4 040 kg
g) 21 000 mg
h) 700 cm
i) 850 ha
j) 150 s

2.2 Ordnen, Vergleichen und Runden von Dezimalzahlen

WAS DU SCHON KÖNNEN MUSST

▷ Mit unserem üblichen Stellenwertsystem (Dezimalsystem) umgehen
▷ Rundungsregeln für natürliche Zahlen kennen
▷ Natürliche Zahlen nach der Größe ordnen

DARUM GEHT ES

In diesem Kapitel lernst du, aufgrund des Vergleichs auch von Nachkommastellen zu entscheiden, welche von zwei Dezimalzahlen die größere ist.

DAS MUSST DU WISSEN | Nachkommastellen vergleichen

Beim **Vergleich** der Nachkommastelle musst du beachten, dass – wie auch bei den natürlichen Zahlen – die weiter links stehende Stelle einen höheren Wert hat als die Stelle weiter rechts.
Beginne also mit dem Vergleich „gleicher“ Stellen von links. Sind die Ziffern einer jeweiligen Stelle gleich, so gehe immer weiter nach rechts. Triffst du dann auf eine Stelle, bei der sich die Ziffern unterscheiden, so ist die Zahl mit der größeren Ziffer an dieser Stelle auch größer (1,45 € sind mehr als 1,44 €). Wir **ordnen** die Zahlen mithilfe der Relationszeichen oder des Gleichheitszeichens (<, >, =).
Beispiel: 345,5**5**6 und 345,5**6**6 → Die erste Stelle von links nach rechts, die sich unterscheidet, ist die Hundertstel-Stelle, 6 > 5, also ist 345,566 > 345,556.
Beim **Runden** gilt wie bisher auch: „Bei 0, 1, 2, 3, 4 wird abgerundet, bei 5, 6, 7, 8, 9 wird aufgerundet.“
Beispiel: Runde 5,478 auf die Zehntel-Stelle. Betrachte die Stelle rechts von der Zehntel-Stelle. Die Ziffer ist 7, also wird die Stelle nach dem Komma (die Zehntel-Stelle) aufgerundet: 5,478 ≈ 5,5.

1 Die Darstellung am Zahlenstrahl ist hilfreich beim Ordnen und Vergleichen.

a) Welche Dezimalbrüche gehören zu den 6 markierten Punkten *A* bis *F*?

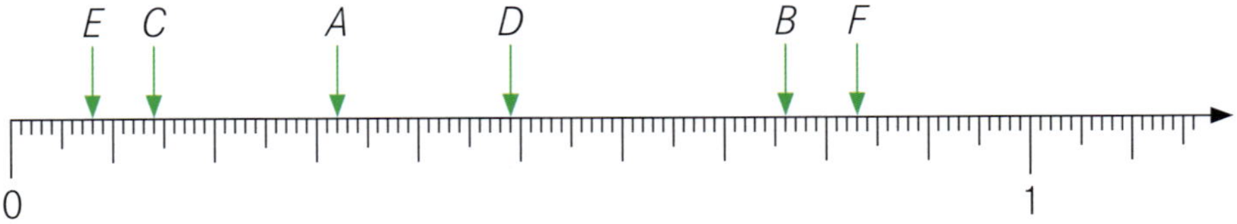

b) Markiere die Punkte am Zahlenstrahl, die zu den Dezimalzahlen gehören.

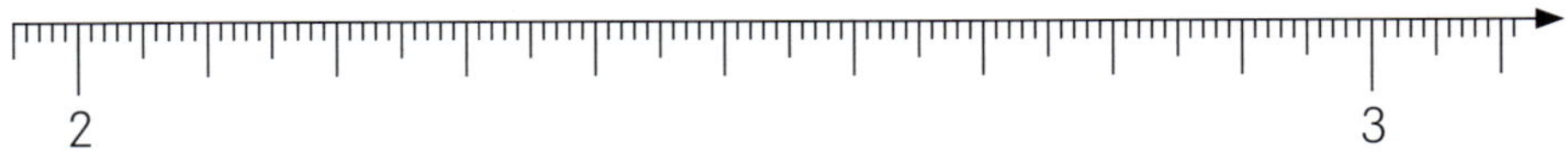

A = 2,55; *B* = 2,1; *C* = 2,93; *D* = 3,05; *E* = 2,27; *F* = 2,69

2 Welcher Dezimalbruch liegt in der Mitte von

a) 0,6 und 1,2; b) 2,42 und 2,74; c) 0,25 und 0,99?

3 Ordne folgende Zahlen von klein nach groß, verwende das „<-Zeichen“.

345,22; 453,22; 345,202; 345,022; 453,202; 534,222

4 Setze das richtige Relationszeichen (< oder >) ein.

a) 56,7280 ___ 56,7082
b) 103,5905 ___ 103,5899
c) 0,0903 ___ 0,3090
d) 345,354 ___ 345,345

5 **Runde die folgenden Zahlen auf Einer, also so, dass das Komma wegfällt.**

Beispiele: 67,9 ≈ 68; 83,24 ≈ 83

a) 56,4 b) 23,7 c) 0,8
d) 123,56 e) 45,07

6 **Runde die folgenden Zahlen auf die in Klammern angegebene Stelle.**

Beispiel: Runde auf Hundertstel (h): 73,458 ≈ 73,46

a) 30,472 (h) b) 0,5638 (t) c) 9,807 (E) d) 6,974 (z)(!)

7 **Runde folgende Dezimalbrüche auf 2 Dezimalen (2 Stellen nach dem Komma). Sei besonders achtsam bei d).**

Beispiel: 1,9354 ergibt gerundet 1,94.

a) 17,0158 b) 8,9845 c) 0,0063 d) 69,998

8 **Runde auf die in Klammern angegebene Anzahl von Dezimalen.**

a) 0,579 (2) b) 0,267 (1) c) 5,4588 (2) d) 13,0099 (3)(!)

9 **Schreibe dezimal in der nächstkleineren Einheit, runde dann auf diese Einheit.**

Beispiel: 3,68 m = 36,8 dm ≈ 37 dm

a) 0,0462 kg b) 3,2759 ha c) 0,0373 dm^3 d) 5,712 hl
e) 15,89 m f) 3,375 km g) 0,678 a h) 2,1005 t

10 **Welche Zahlen *x* ergeben bei der Rundung die folgende Dezimalzahl?**

Beispiel: 1,2: Alle *x*, für die gilt $1{,}15 \leq x < 1{,}25$.

a) 0,47 b) 4,3 c) 0,550 c) 72

2.3 Addieren und Subtrahieren von Dezimalzahlen

WAS DU SCHON KÖNNEN MUSST

- ▷ Schriftliches Addieren und Subtrahieren von natürlichen Zahlen
- ▷ Differenzregel für die Hintereinanderausführung der Subtraktion kennen, z. B. $199 - 67 - 13 - 10 = 199 - (67 + 13 + 10) = 199 - 90 = 109$
- ▷ Dezimalzahlen vergleichen und runden
- ▷ Rechnen mit Größen

DARUM GEHT ES

In diesem Kapitel lernst du, zwei oder mehr Dezimalzahlen zu addieren oder zu subtrahieren.

DAS MUSST DU WISSEN **Dezimalzahlen addieren/subtrahieren**

Wie bei der Addition und Subtraktion von natürlichen Zahlen musst du darauf achten, dass jeweils gleiche Stellen addiert bzw. subtrahiert werden. Beim schriftlichen Rechnen heißt das, dass gleiche Stellen untereinander stehen müssen.

Achtung: Beim Addieren und Subtrahieren von Größen musst du darauf achten, dass nur gleiche Größen miteinander berechnet werden.

Beispiel: 2,45 kg + 685 g + 0,056 t

Entscheide, in welcher Einheit du rechnest und wandle um,

z. B. in kg: 2,45 kg + 0,685 kg + 56 kg

Schreibe untereinander und berechne! Ergänze evtl. „Null“!

$$\begin{array}{rr} & 2{,}450\,\text{kg} \\ + & 0{,}685\,\text{kg} \\ + & 56{,}000\,\text{kg} \\ \hline & 59{,}135\,\text{kg} \end{array}$$

TIPPS UND INFOS | **Dezimalzahlen untereinanderschreiben**

Beim schriftlichen Addieren und Subtrahieren müssen die Kommas untereinanderstehen.

1 **Schreibe die Zahlen untereinander und addiere.**

a) 42,57 + 8,305 + 351,2
b) 0,02356 + 0,5678 + 0,3106 + 0,09804

2 **Schreibe untereinander und subtrahiere.**

a) 73,72 − 5,8 − 14,03 − 7,45
b) 5,708 − 0,54 − 0,037 − 1,234

3 **Berechne. Verwandle bei jeder Aufgabe zunächst in eine sinnvolle Einheit.**

a) 0,76 km + 540 m + 6825 dm
b) 0,572 ha + 3,75 a + 504 m^2
c) 0,0125 m^3 + 9,4 hl + 64 dm^3
d) 735,099 kg − 0,345 t − 875 g

DAS MUSST DU WISSEN | **Umwandlungszahlen**

Bei Längeneinheiten ist die Umwandlungszahl 10 (außer von „m“ zu „km“, dort beträgt sie 1000), bei Flächeneinheiten ist sie 100, bei Rauminhalten (Volumina) ist sie 1000. Außerdem gilt:
1 dm^3 = 1 l; 100 l = 1 hl.

4 **Welches der Zeichen <, =, > muss man setzen, um eine wahre Aussage zu erhalten?**

a) 3,85 + 3,16 ☐ 9,96 − 2,95
b) 0,46 + 0,95 ☐ 3,4 − 2,01
c) 23,23 − 14,14 ☐ 5,04 + 4,04
d) 0,03 + 0,75 ☐ 0,34 + 0,45

5 Berechne die folgenden Terme.

Hinweis: Denke an die Rechengesetze und beachte die Reihenfolge beim Rechnen. Rechne schrittweise untereinander und achte darauf, übersichtlich zu notieren. Nebenrechnungen führe getrennt zur Rechnung aus.

BEISPIEL

$$(8{,}391 + 14{,}869) - (11{,}45 - 5{,}0456)$$
$$= 23{,}26 - 6{,}4044$$
$$= \underline{16{,}8556}$$

a) $(3{,}784 + 15{,}35) - (8{,}78 - 2{,}9785)$

b) $(29{,}85 - 8{,}4564) - (3{,}567 + 2{,}654)$

c) $(25 + 8{,}909) - (1{,}34 + 0{,}45) - (6{,}777 - 2{,}555)$

d) $52{,}6 - (18{,}01 - 8{,}42) - (7{,}35 + 6{,}7)$

2.4 Multiplizieren von Dezimalzahlen

WAS DU SCHON KÖNNEN MUSST

- ▷ Dezimalsystem (Zehnersystem) im Aufbau verstehen
- ▷ Multiplikation von natürlichen Zahlen
- ▷ Technik des schriftlichen Multiplizierens beherrschen

DARUM GEHT ES

In diesem Kapitel lernst du, wie man:

- ▷ eine Dezimalzahl mit Zehnerpotenzen (d. h. mit 10, 100 ...) multipliziert
- ▷ eine Dezimalzahl mit einer natürlichen Zahl multipliziert
- ▷ eine Dezimalzahl mit einer Dezimalzahl multipliziert

DAS MUSST DU WISSEN Multiplikation einer Dezimalzahl

Multiplikation mit Zehnerpotenzen

Multiplikation mit 10 heißt, „es wird eine Null“ angehängt.

Beispiel: $25 \cdot 10 = 250$

Multiplizieren wir eine Kommazahl mit 10, so heißt das, „das **Komma** wird um eine Stelle **nach rechts** verschoben“.

Beispiel: $34{,}56 \cdot 10 = 345{,}6$

Erklärung durch Umwandlung in 10er-Brüche:

$34{,}56 \cdot 10 = 34\frac{56}{100} \cdot 10 = \frac{3456}{100} \cdot 10 = \frac{3456}{10} = 345{,}6.$

Multiplikation mit einer natürlichen Zahl

Beispiel: Du willst $0{,}17 \cdot 25$ berechnen. Wandelst du in eine Bruchzahl um, so folgt $\frac{17}{100} \cdot 25 = 17 \cdot \frac{25}{100} = \frac{425}{100} = 4{,}25.$

Oder du rechnest erst ohne Komma $17 \cdot 25 = 425$. Zum Setzen des Kommas zählst du von hinten zwei Nachkommastellen ab: 4,25.

Fehlende Stellen füllst du durch Nullen auf.

Beispiel: $0{,}04 \cdot 6 = ?$

Rechne $4 \cdot 6 = 24$, notiere dann 0,24.

Multiplikation mit einer Dezimalzahl

Beispiel: $1{,}7 \cdot 2{,}45 = \frac{17}{10} \cdot \frac{245}{100} = 17 \cdot \frac{245}{1000} = \frac{4165}{1000} = 4{,}165.$

Rechnest du ohne die Umwandlung in Zehnerbrüche, so gilt wieder: Multipliziere zunächst ohne Komma und setze danach so viele Kommastellen, wie die Summe der Kommastellen aus dem 1. und 2. Faktor ergibt.

Also: $17 \cdot 245 = 4165$, daher ist 1,**7** · 2,**45** = 4,**165**.

Eine Überschlagsrechnung ist sinnvoll, um zu kontrollieren, ob das Komma richtig gesetzt wurde: $1{,}7 \cdot 2{,}45 \approx 2 \cdot 2 = 4$.

Merke: Zwei Dezimalzahlen werden so miteinander multipliziert, als wären keine Kommas vorhanden, dann trennt man im Ergebnis mit dem Komma so viele Stellen von rechts ab, wie die beiden Faktoren aus der Rechnung zusammen nach dem Komma haben.

1 Multipliziere mit der jeweiligen Zehnerpotenz.
Achtung: Wenn du das Komma nicht mehr verschieben kannst, musst du eine Null anhängen.

a) 567,98 · 10
b) 345,763 · 100
c) 0,45 · 1000
d) 3,067 · 10^2
e) 85,02 · 10^3

2 Gib die kleinste Zehnerpotenz an, mit der du folgende Zahlen multiplizieren musst, um eine natürliche Zahl zu erhalten.
Beispiel: 6,45 · 100 = 645

a) 27,3735
b) 0,003
c) 46,00
d) 7,00007
e) 1,003
f) 1,00000

3 Berechne im Kopf.

a) 0,5 · 5
b) 0,2 · 5
c) 1,5 · 8
d) 2,5 · 6
e) 0,5 · 0,5
f) 0,25 · 0,25

4 Berechne schriftlich.

a) 3,15 · 7
b) 26,9 · 23
c) 63,05 · 46
d) 87,25 · 87
e) 0,567 · 64

5 Berechne im Kopf.
Rechne erst ohne Kommas, setze dann die notwendigen Stellen.
Beispiel: 0,6 · 0,8. Du berechnest 6 · 8 = 48 und setzt von rechts nach links gehend nach 2 Stellen das Komma, also 0,48.

a) 1,2 · 1,2
b) 0,04 · 2,5
c) 0,25 · 0,8
d) 1,1 · 1,4
e) 0,04 · 0,12

6 Berechne schriftlich, mache zunächst eine Überschlagsrechnung.
Beispiel: 4,8 · 7,2 ≈ 5 · 7 = 35; dann rechne: 4,8 · 7,2 = 34,56

a) 9,83 · 42,5
b) 30,8 · 4,9
c) 1,03 · 4,07
d) 5,43 · 1,75
e) 53,67 · 0,26

7 **Berechne nur das erste Produkt einer Aufgabe schriftlich, bestimme die weiteren durch Kommaverschiebung.**
Beispiel: 2,4 · 1,1 = 2,64;
es folgt: 0,24 · 0,11 = 0,0264 (4 Stellen).

a) 2,5 · 0,68
25 · 6,8
0,25 · 0,068

b) 45,76 · 1,4
4,576 · 0,14
457,6 · 14

c) 2,75 · 3,25
27,5 · 32,5
0,275 · 0,325

8 **Ein Fußballverein will von der Stadt ein Gelände von 176,5 m Länge und 112 m Breite erwerben.**
Die Stadt verlangt pro Quadratmeter 17,25 €. Wie viel Geld muss der Verein insgesamt aufbringen?

2.5 Dividieren von Dezimalzahlen

WAS DU SCHON KÖNNEN MUSST

▷ Dezimalsystem (Zehnersystem) im Aufbau verstehen
▷ Schriftliches Dividieren von natürlichen Zahlen beherrschen
▷ Begriffe „Dividend, Divisor, Quotient" kennen

DARUM GEHT ES

In diesem Kapitel lernst du, wie man:
▷ eine Dezimalzahl durch Zehnerpotenzen (d. h. mit 10, 100, ...) dividiert
▷ eine Dezimalzahl durch eine natürliche Zahl dividiert
▷ eine Dezimalzahl durch eine Dezimalzahl dividiert

TIPPS UND INFOS — Warum du nicht durch 0 dividieren darfst

Bei der Division 2 : 0 z. B. müsste man sich fragen, „wie viel mal die 0 in der 2 enthalten ist" bzw. „0 mal wie viel ergibt 2?". Da die Umkehrung der Division, also die Multiplikation mit 0 immer 0 ergibt, kann sie niemals die 2 als Ergebnis haben. Das heißt, die **Division durch 0 ist nicht definiert.**

DAS MUSST DU WISSEN Division einer Dezimalzahl

Division mit Zehnerpotenzen

Division durch 10 heißt: „Es wird eine Null am Ende gestrichen." Steht rechts keine Null, so wird eine Kommastelle gesetzt bzw. „das **Komma** wird um eine Stelle **nach links** verschoben:

Beispiele:

- 250 : 10 = 25
- 345 : 10 = 34,5, denn $345 : 10 = \frac{345}{10} = 34\frac{5}{10} = 34{,}5$
- 7648 : 100 = 76,48

Division durch eine natürliche Zahl

Beispiel: 15,06 : 6

Du dividierst wie bei der Division von natürlichen Zahlen. Wenn du beim „Stellen nach unten holen" das Komma überspringst, dann setze es an dieser Stelle im Ergebnis:

```
 15,06 : 6 = 2,51
-12
  30   (Achtung: „Komma setzen!")
 -30
   06
   -6
    0
```

Division durch eine Dezimalzahl

Beispiel: 169,05 : 13,8

Zuerst wird das Komma so verschoben, dass der Divisor eine ganze Zahl ist, d. h. also: Das Komma muss bei Dividend **und** Divisor in diesem Beispiel um eine Stelle nach rechts verschoben werden, dann wird wie oben dividiert:

```
1690,5 : 138 = 12,25
138
 310
 276
  345   (Komma!)
  276
   690
   690
     0
```

1 **Gib die Dezimaldarstellung der folgenden Zahlen an, die sich ergibt, wenn man durch 10, 100, 1000 und 10 000 teilt.**

Beispiel: 870

870 : 10 = 87; 870 : 100 = 8,7; 870 : 1000 = 0,87; 870 : 10 000 = 0,087

a) 1 b) 28 002 c) 240,042 d) 0,05
e) 20,001 f) 100 000 g) 28 000 h) 10,01

2 **Berechne den Quotienten.**

a) 15,6 : 6 b) 125,25 : 15 c) 3,48 : 12 d) 2,16 : 8

3 **Berechne. Denke an die Kommaverschiebung.**

a) 108,36 : 4,2 b) 7,1361 : 0,27 c) 0,31 : 1,25 d) 14,118 : 5,2

4 **Berechne die folgenden Terme.**

a) (3,15 + 4,02 + 0,18) : 3 b) 1,464 : 0,4 − 2,66 · 0,5
c) (3,2 : 2 − 1,6) · 2,25

DAS MUSST DU WISSEN **Der Mittelwert**

Wenn du z. B. 4 Werte misst, dann musst du die 4 Werte addieren und dann durch 4 (Anzahl der gemessenen Werte) teilen.

Beispiel: (1,4 + 2,1 + 5,7 + 3,3) : 4 = 12,5 : 4 = 3,125

5 **Schlagballweitwurf**

Beim Training wirft Philipp mit dem Schlagball folgende Weiten: 35,5 m, 38,9 m und 40,2 m.
Berechne den Mittelwert, den er in diesem Training erzielt hat.

6 Abtransport des Erdaushubs

Baufirma Müller will die Erde einer 11,4 m langen, 8,2 m breiten und 1,6 m tiefen Baugrube mit drei LKWs abtransportieren. Jeder LKW kann maximal 4,5 m^3 laden. Wie oft müssen die Wagen jeweils fahren, um den Aushub ganz abzutransportieren?

7 Begründe. Was ist günstiger?

Im Supermarkt kosten 650 g Tomaten aus Holland 2,60 €.
Die 800-g-Schale aus Italien kostet 3,16 €.

2.6 Abbrechende und periodische Dezimalzahlen

WAS DU SCHON KÖNNEN MUSST

- ▷ Umformen von Brüchen in Dezimalbrüche durch Erweitern oder Kürzen
- ▷ Umformen durch Dividieren von Zähler durch Nenner

DARUM GEHT ES

In diesem Kapitel lernst du, Brüche in Dezimalbrüche umzuwandeln. Dabei können zwei Fälle auftreten:

1. Fall: Die Nachkommastellen brechen ab.

2. Fall: Die Folge der Nachkommastellen bricht nicht ab, wiederholt sich aber periodisch.

TIPPS UND INFOS **Brüche geschickt umwandeln**

Du solltest mit der Zeit einigermaßen darin geübt sein, bei der Umwandlung zu erkennen, ob es besser ist, zu erweitern bzw. zu kürzen oder zu dividieren. Sicher erkennst du mit der Zeit auch schneller, welche Nenner in der Regel auf periodische Dezimalzahlen führen.

BEISPIEL

1. Umwandeln durch Erweitern

Beachte: Erweitern oder Kürzen auf Zehnerbrüche führt immer auf abbrechende Dezimalbrüche.

a) $\frac{7}{25} = \frac{28}{100} = 0{,}28$

b) $\frac{5}{8} = \frac{625}{1000} = 0{,}625$

c) $\frac{2}{3}$ Umwandeln durch Erweitern nicht möglich.

2. Umwandeln durch Dividieren

a) $\frac{5}{8} = 5 : 8 = 0{,}625$

b) $\frac{2}{3} = 2 : 3 = 0{,}666...$; man schreibt $\frac{2}{3} = 2 : 3 = 0{,}\overline{6}$, sprich: „0 Komma Periode 6“.

c) $\frac{1}{6} = 1 : 6 = 0{,}1\overline{6}$, sprich: „0 Komma 1 Periode 6“.

Beim Umwandeln von periodischen Dezimalzahlen in Brüche spielt die 9 eine besondere Rolle:
$\frac{1}{9} = 1 : 9 = 0{,}111... = 0{,}\overline{1}$, weiter erhält man $\frac{2}{9} = 0{,}\overline{2}$ und $\frac{5}{9} = 0{,}\overline{5}$.
Weiterhin gilt: $0{,}\overline{01} = \frac{1}{99}$ und $0{,}0\overline{1} = \frac{1}{90}$.

1 **Forme durch Erweitern oder Kürzen in einen Dezimalbruch um.**

a) $\frac{7}{20}$; $\frac{5}{4}$; $\frac{35}{25}$; $\frac{17}{50}$; $\frac{7}{25}$

b) $\frac{9}{8}$; $\frac{7}{125}$; $\frac{4}{15}$; $\frac{9}{40}$; $\frac{3}{16}$

2 **Untersuche, welche Zahlen gleich sind.**

a) 0,25; $\frac{1}{2}$; $\frac{2}{5}$; 0,5; $\frac{1}{4}$; 0,4; $\frac{4}{8}$; $\frac{4}{10}$

b) 0,1; $\frac{1}{100}$; 0,05; $\frac{1}{10}$; $\frac{1}{5}$; $\frac{1}{20}$; $\frac{5}{100}$; 0,20; 0,01

3 **Notiere die Brüche, die du nicht durch Erweitern oder Kürzen in einen Dezimalbruch umwandeln kannst.**

a) $\frac{23}{25}$; $\frac{5}{6}$; $\frac{3}{8}$; $\frac{4}{3}$; $\frac{3}{4}$; $\frac{1}{125}$

b) $\frac{7}{2}$; $\frac{1}{100}$; $\frac{4}{9}$; $\frac{3}{7}$; $\frac{1}{11}$; $\frac{35}{75}$

4 Folgende Brüche lassen sich alle in abbrechende Dezimalbrüche verwandeln.

Forme durch Dividieren von Zähler durch Nenner in Dezimalbrüche um.

a) $\frac{29}{4}$; $\frac{11}{8}$; $\frac{51}{125}$; $\frac{11}{16}$; $\frac{9}{5}$

b) $\frac{12}{25}$; $\frac{25}{32}$; $\frac{13}{20}$; $\frac{153}{200}$; $\frac{3}{50}$

5 Folgende Dezimalzahlen führen alle auf periodische Dezimalbrüche.

Forme um.

a) $\frac{4}{3}$; $\frac{5}{11}$; $\frac{5}{7}$; $\frac{2}{9}$; $\frac{1}{7}$

b) $\frac{5}{6}$; $\frac{7}{22}$; $\frac{3}{14}$; $\frac{11}{18}$; $\frac{7}{12}$

6 Ordne die Zahlen nach der Größe.

a) $0{,}\overline{1}$; $0{,}1$; $0{,}01$; $0{,}\overline{01}$; $0{,}11$; $0{,}\overline{10}$

b) $0{,}\overline{2}$; $0{,}21$; $0{,}23$; $0{,}2$; $0{,}22$; $0{,}\overline{21}$

7 Wandle in gewöhnliche Brüche um.

$0{,}\overline{2}$; $0{,}\overline{3}$; $0{,}\overline{4}$; $0{,}\overline{5}$; $0{,}\overline{02}$; $0{,}\overline{15}$; $0{,}\overline{10}$; $0{,}0\overline{2}$; $0{,}0\overline{4}$; $1{,}\overline{1}$; $1{,}\overline{6}$; $1{,}\overline{20}$

2.7 Berechnung von Termen

WAS DU SCHON KÖNNEN MUSST

▷ Die Rechengesetze kennen und anwenden
- Das Vertauschungsgesetz (Kommutativgesetz) gilt für + (und für ·).
- Das Verbindungsgesetz (Assoziativgesetz) gilt für + (und für ·).
- Das Verteilungsgesetz (Distributivgesetz) gilt für Punkt- und Strichrechnung.
- Reihenfolge der Berechnung: Potenzrechnung, dann Punkt- vor Strichrechnung (Aber immer gilt: „Klammer zuerst“ rechnen.); wenn sich keine bekannte Regel anwenden lässt, dann rechne von links nach rechts.

▷ Terme aufstellen und dafür notwendige Begriffe (Summe, Differenz, Produkt, Quotient, ...) kennen

DARUM GEHT ES

In diesem Kapitel werden wieder die Grundrechenarten miteinander verbunden (vgl. Kapitel 1.7 und Kapitel 2.5, Übung 4). Dabei kommt es auf die Reihenfolge der Berechnung an.

Hinweis: Wichtig ist, dass du die Nebenrechnungen getrennt von deiner Termberechnung machst, damit es nicht zu falschen Aussagen kommt!

DAS MUSST DU WISSEN — Verknüpfte Dezimalbrüche

Wieder gilt für alle Aufgaben: Rechne schrittweise untereinander, schreibe auch das auf, was du noch nicht berechnet (bzw. umgewandelt) hast. Beispiel:

$$
\begin{aligned}
&(2{,}5 \cdot 3{,}2 - 1{,}7) : (1{,}2 - 0{,}3)\\
=\;& (8 - 1{,}7) : 0{,}9\\
=\;& 6{,}3 : 0{,}9\\
=\;& 63 : 9\\
=\;& 7
\end{aligned}
$$

Zur besseren Übersicht: Nebenrechnung z. B. auf ein extra Blatt, Ergebnisse unter dem zugehörigen Ausdruck notieren!

DAS MUSST DU WISSEN — So stellst du Terme auf

Manchmal musst du die Rechenaufgabe auch erst selbst notieren und dann, ähnlich wie im Beispiel, ausrechnen.

Beispiel: Multipliziere die Summe aus 12,5 und 3,2 mit der Differenz aus 13,3 und 12,1 und berechne dann den Term.

Für „Summe aus 12,5 und 3,2“ notiere (12,5 + 3,2), für „Differenz aus 13,3 und 12,1“ notiere (13,3 − 12,1), dann multipliziere beide Ausdrücke.

Der Term lautet: $(12{,}5 + 3{,}2) \cdot (13{,}3 - 12{,}1)$

Berechnung: $= 15{,}7 \cdot 1{,}2$

$= 18{,}84$

1 Berechne. Beachte Punktrechnung vor Strichrechnung.

a) $0{,}5 \cdot 2{,}6 + 2{,}7$ b) $1{,}2 + 12{,}8 \cdot 0{,}25$ c) $15{,}4 - 1{,}4 \cdot 8{,}5$

2 Berechne. Rechne zuerst, was in der Klammer steht.

a) $0{,}5 \cdot (2{,}6 + 2{,}7)$ b) $(1{,}2 + 12{,}8) \cdot 0{,}25$
c) $(15{,}4 - 1{,}4) \cdot 8{,}5$ d) $(1{,}32 + 7{,}68) : (8{,}36 - 7{,}86)$
e) $3{,}6 \cdot 2{,}1 \cdot (16{,}05 - 14{,}75)$

3 Rechne folgende Aufgaben im Kopf und notiere das Ergebnis.
Tipp: Für einige Aufgaben benötigst du die Quadratzahlen:
$1^2 = 1$; $2^2 = 4$; $3^2 = 9$; …; $20^2 = 400$ bzw.
$0{,}1^2 = 0{,}01$; $0{,}2^2 = 0{,}04$; $0{,}3^2 = 0{,}09$; …;
$1{,}1^2 = 1{,}21$; …; $1{,}9^2 = 3{,}61$; $2{,}0^2 = 4{,}0$.

a) $25{,}3 + 0{,}9 \cdot 3 =$ b) $(4{,}58 - 0{,}97) : 1{,}9 =$
c) $(1{,}64 + 0{,}76) : 8 =$ d) $1{,}8^2 \cdot (2{,}4 : 0{,}5 - 4{,}8) =$
e) $0{,}75 : 0{,}25 - 4{,}8 : 2{,}4 =$ f) $1{,}1^2 + 1{,}2^2 + 0{,}35 =$

4 Berechne die Terme. Beachte die Rechengesetze.

a) $1{,}4^2 - (1{,}15 + 0{,}35)$ b) $(1{,}12 + 0{,}23 + 0{,}34) : 1{,}3^2$
c) $0{,}5^3 - 0{,}3^4 + 1{,}5^2$

5 Notiere erst den Rechenausdruck und berechne ihn anschließend.

a) Addiere zur Summe aus 14,75 und 7,25 die Differenz dieser Zahlen.
b) Multipliziere die Differenz aus 1,96 und 1,44 mit dem Produkt aus 0,13 und 4.
c) Dividiere die Summe aus 2,25 und 2,75 durch den Quotient aus 6,25 und 2,5.
d) Vermindere das 12-Fache der Summe aus 1,1 und 1,2 um 6,6.

6 **Notiere, bevor du rechnest, einen Rechenausdruck.**
Frau Müller kauft ein: 200 g Salami (100 g kosten 1,99 €), 300 g Schinken (100 g zu 2,99 €), 3 Paar Bockwürste (das Stück zu 1,10 €). Sie bezahlt mit einem 20-Euro-Schein. Wie viel Wechselgeld bekommt sie zurück?

2.8 Sachaufgaben zum Rechnen mit Dezimalzahlen

WAS DU SCHON KÖNNEN MUSST

▷ Geübter Umgang mit allen Grundrechenarten und deren Verbindung
▷ Umsetzen von Textinformationen in mathematische Ausdrücke

DARUM GEHT ES

In diesem Kapitel lernst du, die für die Berechnung wichtigen Informationen aus dem Text herauszulösen und mathematisch umzusetzen (siehe auch Kapitel 1.8).

TIPPS UND INFOS **Textaufgaben lösen**

Das Schema, nach dem du an eine Textaufgabe herangehen sollst, ist immer gleich:

1. Verstehen der Aufgabe:
   a) Was ist gegeben?
   b) Was ist gesucht?
2. Zerlegen in Teilprobleme (Dabei ist es oft auch hilfreich, in einem Text unwichtige Informationen einfach zu streichen.)
3. Rechnungen aufstellen und durchführen
4. Antwort formulieren

Vereinfacht kannst du dir folgendes Schema (das dir sicher bekannt ist) merken: **Frage – Rechnung – Antwort.**
Wenn du die Schritte ausführlich erläutert haben willst, dann schaue noch einmal in Kapitel 1.8 nach.

TIPPS UND INFOS Runden und maximaler Fehler

Hinweis für Übung 1: Gemessene Werte sind nicht immer ganz genau, sondern meistens gerundet. Es gibt somit eine mögliche untere Grenze und eine mögliche obere Grenze, zwischen denen ein gemessener Wert schwankt. Man interessiert sich dabei für den größten Fehler, der auftreten kann (den sogenannten maximalen Fehler).

1 Runden und den maximalen Fehler bestimmen

Maximilian hat im Werkunterricht bei drei Holzstücken folgende Längen (auf Millimeter gerundet) gemessen: 10,4 cm; 12,7 cm; 15,2 cm; 16,8 cm. In einer Tabelle verdeutlicht er die mögliche untere bzw. obere Grenze sowie den maximalen Fehler:

gemessener Wert (auf mm gerundet)	mögliche untere Grenze	mögliche obere Grenze	Breite der Schwankung zwischen den Grenzen	maximaler Fehler
10,4 cm	10,35 cm	10,45 cm	1 mm	0,5 mm

Lege auch eine solche Tabelle für die weiteren Werte an und fülle sie aus!

2 Mittelwert bestimmen (vgl. Kapitel 2.5; Übung 5)

Herr Schmidt notiert nach jeder neuen Tankfüllung den bisherigen Benzinverbrauch. Berechne den durchschnittlichen Benzinverbrauch im angegebenen Zeitraum.

Datum	Verbrauch in Liter
02.04.	7,6 l
16.04.	8,1 l
03.05.	8,4 l
12.05.	9,3 l
30.05.	9,2 l

3 Preisvergleich

Frau Klein kauft Waschmittel ein. Sie kann sich nicht entschließen, welches der beiden Waschmittel sie nehmen soll: Das 3-kg-Paket von Weiß-Wasch zu 8,40 € oder das 4,5-kg-Paket von Rein-Wasch zu 12,50 €. Schließlich nimmt sie doch das günstigere Waschmittel.

Berechne, welches günstiger ist und gib den Preis pro Kilogramm an.

4 Längen

Eine Seemeile (sm) beträgt 1,852 km. Ein Frachtdampfer legt in einer Stunde 21,8 sm zurück. Wie viele Kilometer hat er in einer Stunde zurückgelegt?

5 Flächen

Eine Firma liefert eine Glasscheibe in den Maßen 2,38 m, 1,50 m.
Der Quadratmeter kostet 57,90 €. Das Einsetzen wird pauschal mit 57,00 € berechnet. Wie teuer kommt das Einbauen dieser Scheibe?

6 Volumen und Masse

Ein Kubikzentimeter (1 cm^3) Kupfer wiegt 8,9 g. Wie schwer ist eine 1,25 cm dicke Kupferplatte, die 15,2 cm lang und 20,4 cm breit ist?

7 Volumen, Flächeninhalt, Masse

a) Ein quaderförmiges Wasserbecken ist 12,45 m lang, 5,70 m breit und 1,80 m tief. Wie viel Liter Wasser fasst das Becken?

b) Die Seitenwände des Beckens sollen mit 15 cm × 15 cm (Breite inkl. Fugen) großen Fliesen erneuert werden. Wie viele Fliesen werden benötigt?

c) Der Boden wird gestrichen. Reicht ein Farbeimer zu 20 kg, wenn 1 kg Farbe für 3,5 m^2 ausreicht?

Test

1 Ordne nach der Beziehung „ist größer als" folgende Zahlen:

0,108; 0,018; 0,18; 0,18; 0,118 |3|

2 Runde jeweils auf die nächst kleinere Einheit.

Beispiel: $6{,}738\,m^2 \approx 674\,dm^2$

a) $36{,}3853\,m^2$ b) 14,415 m c) 2,366 dm |6|

3 Berechne.

a) 249,6 + 907 + 3,48 + 0,7
b) 103 − 0,98 − 2,7 − 50,05
c) 48,07 · 0,07
d) 3,4 : 0,125
e) 33 · (0,7 + 77) · 0,3 |16|

4 Wandle um: Bruchzahl in Dezimalzahl oder Dezimalzahl in Bruchzahl.

Kürze, wenn nötig, so weit wie möglich.

$\frac{17}{200}$; 0,025; $\frac{2}{11}$; $\frac{14}{15}$; 0,54 |9|

5 Frau Schmidt kauft Waschmittel ein.

Im Regal sind 3-kg-Pakete zu je 4,80 € und 4,5-kg-Pakete zu je 6,95 €. Welches Angebot ist günstiger? |6|

6 Frau Baumann bringt ihr Auto zur Inspektion in die Werkstatt.

Es werden 5,4 Liter Öl zum Preis von 12,85 € pro Liter aufgefüllt. Verschiedene Ersatzteile (Ölfilter, Luftfilter, Glühbirnen usw.) berechnet die Firma Schadt mit 109,91 €. An Arbeitslohn werden $3\frac{1}{2}$ Stunden zu je 41,80 € in Rechnung gestellt. Wie viel muss Frau Baumann für diese Inspektion insgesamt bezahlen? |10|

|50|

Wie viele Punkte hast du? Erreichst du mehr als 39 Punkte, beherrschst du den Inhalt des Kapitels wirklich gut. Erreichst du weniger als 20 Punkte, dann solltest du dieses Kapitel wiederholen.

3 Rationale Zahlen

3.1 Zahlenstrahl und Zahlengerade

WAS DU SCHON KÖNNEN MUSST

- ▷ Die natürlichen Zahlen und die positiven Bruchzahlen bzw. Dezimalzahlen lassen sich am Zahlenstrahl darstellen, also „rechts von der 0“.

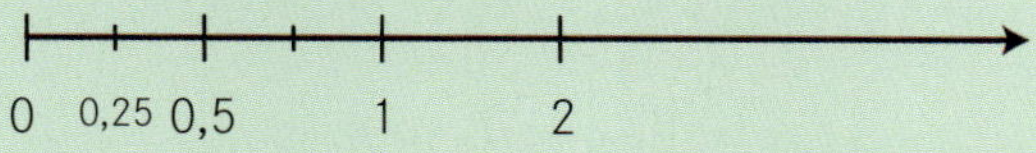

- ▷ Je größer diese Zahl ist, umso größer ist deren Abstand zur 0 auf dem Zahlenstrahl.
- ▷ Aus dem Buch „Besser in Mathe, Klasse 5“ kennst du schon die negativen ganzen Zahlen. Die negativen und positiven Zahlen lassen sich auf der Zahlengeraden darstellen, also „rechts und links von 0“.

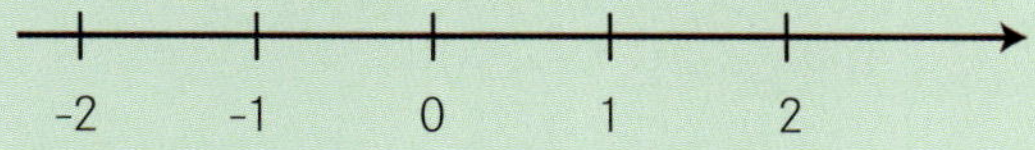

DARUM GEHT ES

Beim Ablesen von Außentemperaturen im Winter sind dir schon **negative Zahlen** begegnet. Du hast aber sicher schon bemerkt, dass du Aufgaben wie „3 − 5“ nicht durchführen konntest, weil du im Matheunterricht noch keine „negativen“ Zahlen behandelt hast. Deshalb wird nun der Zahlenstrahl zur Zahlengeraden erweitert und die Gegenzahlen zu 1, 2, 3, ... links von der Null notiert, nämlich −1, −2, −3. Auch die negativen Bruchzahlen können auf der Zahlengeraden dargestellt werden, dabei ist z. B. $-\frac{1}{2}$ die Gegenbruchzahl zu $+\frac{1}{2}$ und liegt zwischen − 1 und 0.

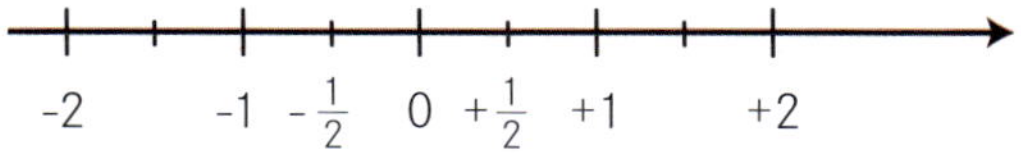

Die Zahlen links von Null nennt man negative Zahlen und kennzeichnet sie mit einem „−“ (minus), die Zahlen rechts von der Null haben entweder kein Vorzeichen oder man kennzeichnet sie zur Verdeutlichung mit einem „+“ (plus).

Anordnung: Wie schon beim Zahlenstrahl für die natürlichen Zahlen gilt auch bei der Zahlengeraden aller negativen und positiven Bruchzahlen: Die kleinere von zwei Zahlen steht weiter links.

DAS MUSST DU WISSEN — **Die Zahlenbereiche**

Der kleinste Zahlenbereich enthält die Menge der **natürlichen Zahlen** $\mathbb{N}$.

$\mathbb{N} = 1, 2, 3, \dots$ bzw. $\mathbb{N}_0 = 0, 1, 2, 3, \dots$

Nimmt man die Gegenzahlen hinzu,
erhält man die Menge der **ganzen Zahlen** $\mathbb{Z}$.

$\mathbb{Z} = \dots, -3, -2, -1, 0, +1, +2, +3, \dots$

Durch Erweiterung der positiven Bruchzahlen um ihre Gegenzahlen erhält man die Menge der **rationalen Zahlen** $\mathbb{Q}$.

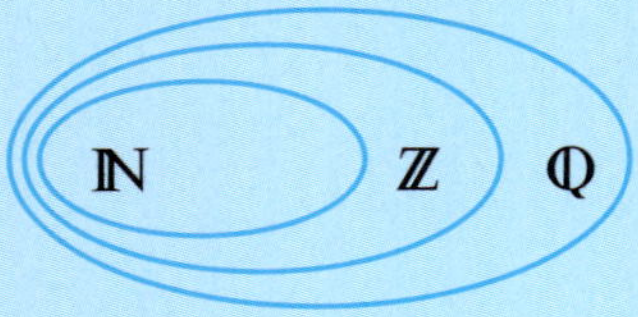

1 **Zeichne eine Zahlengerade, wähle als Einheit 1 cm und trage die Zahlen ein.**

-3; 1; $4{,}2$; $-0{,}6$; $\frac{3}{5}$; 5; $-4{,}5$; $+0{,}8$

2 **Zeichne eine Zahlengerade und trage die folgenden Zahlen und deren Gegenzahlen ein.**

5; 2; -3; $\frac{3}{4}$; $-0{,}5$; $1{,}5$; $-\frac{2}{5}$; 0

TIPPS UND INFOS | **Das Koordinatensystem**

Das bisherige Achsenkreuz kann nun auch erweitert werden. Jedem Punkt im Achsenkreuz (Koordinatensystem) entspricht jetzt ein Paar rationaler Zahlen.

Beispiel:

$A(2{,}5 \mid 1{,}5)$; $B(-0{,}5 \mid -1{,}5)$; $C(-2 \mid 0{,}5)$

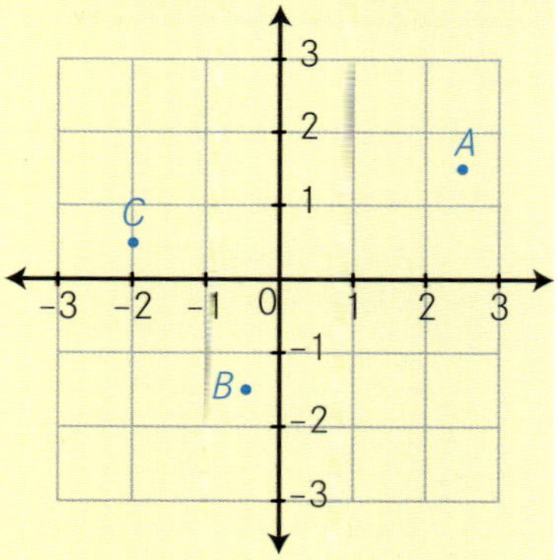

3 **Trage die Punkte *A* bis *G* in ein geeignetes Koordinatensystem ein.**

$A(3 \mid -4)$; $B(-0{,}5 \mid 2{,}2)$; $C(4 \mid 3{,}5)$; $D(-1 \mid -1)$; $E(-1{,}6 \mid +2{,}4)$; $F(-2{,}5 \mid -0{,}5)$; $G(0 \mid -3)$

4 **Vergleiche die folgenden Zahlen und verwende dazu < oder >.**

a) $6 \square -3$ b) $-0{,}5 \square -0{,}75$ c) $-17 \square -15$

d) $-1024 \square -1000$ e) $\frac{2}{5} \square 0{,}3$ f) $0 \square -10$

g) $0{,}1 \square -1$ h) $-4\,637 \square -4\,638$

5 **Welche Zahl liegt in der Mitte**

a) von 0,5 und 1,5; b) von 3,5 und 5; c) von 0 und $-1{,}5$;

d) von $-\frac{1}{2}$ und 0,25; e) von -1 und $-4{,}5$; f) von $-2{,}2$ und $-3\frac{2}{50}$;

g) von 0,01 und 0,06; h) von $-0{,}01$ und $-0{,}1$?

6 **Gib alle ganzen Zahlen *z* an, für die gilt**

a) $4 < z < 10{,}5$; b) $-6 \le z < 0$;

c) $-3{,}1 < z \le 1$; d) $-2\frac{1}{4} \le z < 2\frac{1}{4}$.

3.2 Betrag rationaler Zahlen

WAS DU SCHON KÖNNEN MUSST

▷ Du weißt, dass sich positive und negative Bruchzahlen (d. h. auch Dezimalzahlen) auf der Zahlengeraden darstellen lassen.
- Je weiter links eine Zahl auf der Zahlengeraden angeordnet ist, umso kleiner ist sie.
- Zu jeder Zahl rechts von der Null gibt es eine Gegenzahl links von der Null.

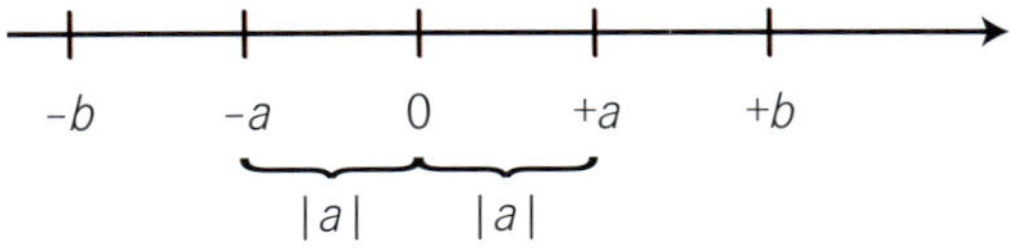

DARUM GEHT ES

Neben der Anordnung der Zahlen auf der Zahlengeraden interessiert auch der **Abstand einer Zahl zum Nullpunkt der Zahlengeraden.** Dabei haben eine Zahl und ihre Gegenzahl den gleichen Abstand zur Null. Die Zahl a (genauer $+a$) und die Zahl $-a$ sind vom Nullpunkt gleich weit entfernt.

DAS MUSST DU WISSEN – Betrag einer Zahl

Der Betrag einer Zahl ist der **Abstand** dieser Zahl **von „Null“**. Man kennzeichnet den Betrag einer Zahl durch senkrechte Striche vor und hinter der Zahl bzw. durch „Weglassen“ des Vorzeichens.
Beispiel: Der Betrag von -3 ist 3, so wie der Betrag von $+3$.
Schreibe: $|-3| = 3 = |+3|$.

DAS MUSST DU WISSEN – Rechenzeichen oder Vorzeichen?

Achtung: Minuszeichen und Pluszeichen (− und +) können zwei verschiedene Bedeutungen haben!

- Bedeutung als **Rechen- oder Operationszeichen:** Hier gibt das Zeichen + oder − an, welche Rechenoperation, nämlich Addition oder Subtraktion, durchgeführt werden soll.
- Bedeutung als **Vorzeichen:** Hier gibt das Zeichen + oder − an, ob die Zahl positiv oder negativ ist, also ob die Zahl rechts oder links vom Nullpunkt der Zahlengeraden steht.

Beispiel: Anordnung und Betrag bei rationalen Zahlen
Betrachtet werden sollen die Temperaturen −3 °C und −11 °C und der Unterschied zwischen 0 °C und −3 °C sowie zwischen 0 °C und −11 °C.

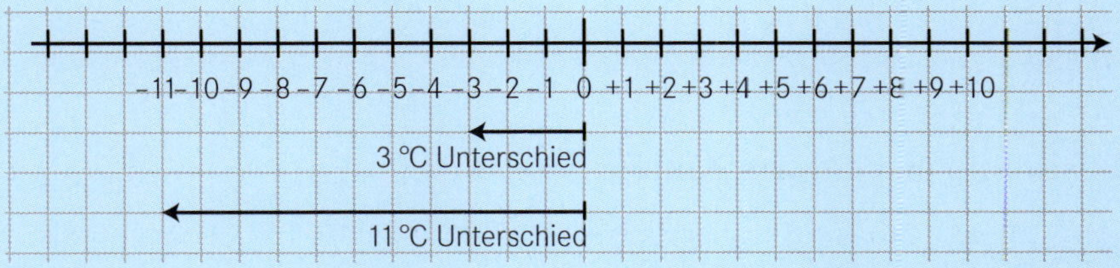

Die **Zahl** −11 ist **kleiner** als die Zahl −3, aber der **Unterschied** zwischen 0 und −11 ist **größer** als der Unterschied zwischen 0 und −3.

1 Den Betrag einer Zahl angeben bzw. bestimmen.

a) Gib die Beträge an für

$-3{,}87;\ \frac{7}{2};\ -\frac{5}{4};\ 0;\ 2{,}1;\ -0{,}75;\ 0{,}03;\ -0{,}54$

b) Bestimme die Beträge:

$|-6{,}4|;\ \left|+\frac{4}{5}\right|;\ |-8\,756|;\ |+10\,001|;\ |809|$

2 Gib alle Zahlen an, deren Betrag wie folgt lautet.

a) 73
b) 3,62
c) $\frac{7}{2}$
d) 0
e) $5\frac{1}{2}$
f) 6,5
g) 1

3 Bereiche rationaler Zahlen

Zeichne jeweils eine Zahlengerade und markiere wie in den Beispielen den Bereich aller rationalen Zahlen, für die die jeweilige Aussage gilt.

BEISPIEL

Beispiel 1: $|z| < 2{,}2$
Lösung (blau):

Beispiel 2: $2 \leq |z| < 4$
Lösung (blau):

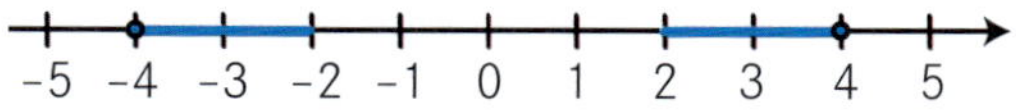

a) $|z| \leq 3$ b) $|z| \leq 3{,}5$ c) $3 < |z| < 5{,}5$

4 Bestimme alle ganzen Zahlen, für die gilt

a) $|z| \leq 3$; b) $|z| \leq 3{,}5$; c) $|z| < 3$;
d) $3 < |z| < 5{,}5$; e) $0 < |z| < 6$.

5 Gegeben sind folgende Zahlen: -1; $0{,}3$; $\frac{5}{4}$; 2; $-\frac{4}{3}$; $-2{,}5$.

Ordne die Zahlen

a) nach der Größe, b) nach der Größe ihrer Beträge.

6 Begründe die Behauptung: Wenn $a < b < 0$, dann ist $|a| > |b|$

a) mit einer Skizze am Zahlenstrahl, b) mit Worten.

7 Berechne folgende Beträge.

a) $|-3{,}5| + |-2{,}5|$ b) $|+4| \cdot |-5{,}5|$

c) $\left|-\frac{5}{4}\right| : \left|+\frac{5}{2}\right|$ d) $\big||-2| + |-10|\big|$

8 Gib die Größe des Unterschieds zwischen folgenden Temperaturen an.

a) −3 °C und +15 °C b) −7,8 °C und +7,8 °C
c) −10,1 °C und +1,1 °C

3.3 Addieren rationaler Zahlen

WAS DU SCHON KÖNNEN MUSST

- ▷ Du weißt, dass sich rationale Zahlen auf der Zahlengeraden anordnen lassen.
- ▷ Du weißt, dass der Betrag einer rationalen Zahl den Abstand zum Nullpunkt angibt.
- ▷ Du beherrschst die Addition zweier positiver rationaler Zahlen (Bruch- bzw. Dezimalzahlen).
- ▷ Du weißt, dass man auf dem Zahlenstrahl addiert, indem man „nach rechts“ geht.
- ▷ Du weißt, dass man Vorzeichen und Rechenzeichen unterscheidet.

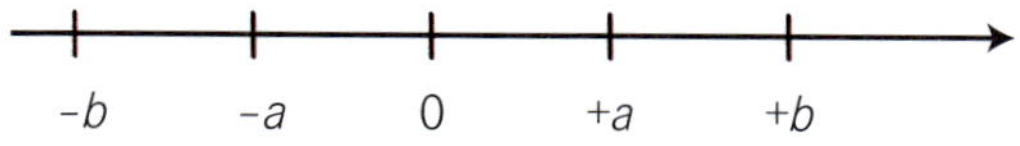

DARUM GEHT ES

In diesem Kapitel lernst du, positive und negative Zahlen zu addieren.
Hinweis: Zur Verdeutlichung verwenden wir hier die Zahlen immer mit Vorzeichen.
Die Zahlen mit Vorzeichen setzen wir in Klammern, um sie nicht mit den Rechenzeichen zu vermischen.

DAS MUSST DU WISSEN **Addition einer positiven Zahl**

Wie man eine positive Zahl addiert, ist dir bekannt: Du gehst auf dem Zahlenstrahl „nach rechts“.
Beispiel: (+ 4) + (+ 5) = (+ 9)

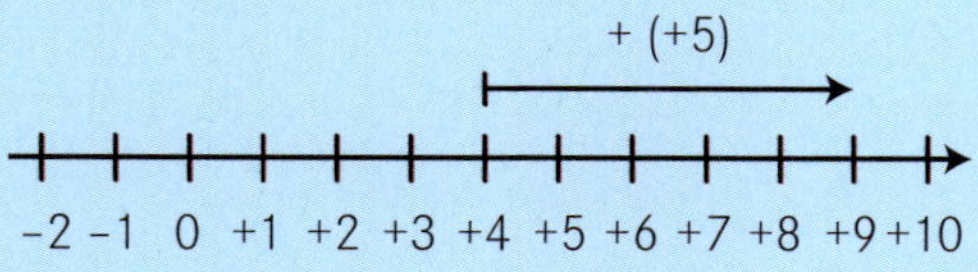

Vom Punkt (+ 4) der Zahlengeraden gehst du um die Länge 5 nach rechts und kommst zum Punkt (+ 9).

DAS MUSST DU WISSEN — Addition einer negativen Zahl

Eine negative Zahl addieren bedeutet, auf dem Zahlenstrahl „nach links“ gehen.

Beispiel: $(+4) + (-5) = (-1)$

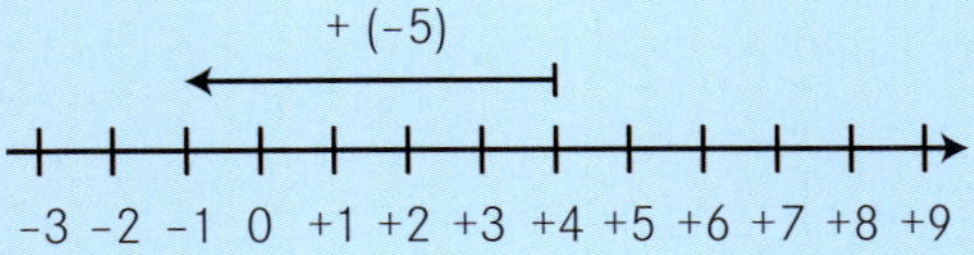

Vom Punkt $(+4)$ der Zahlengeraden gehst du um die Länge 5 nach links und kommst zum Punkt (-1).

Was hier für ganze Zahlen gezeigt wurde, gilt auch für positive und negative Bruchzahlen bzw. Dezimalzahlen, kurz gesagt, die rationalen Zahlen.

Und so berechnest du die **Summe zweier rationaler Zahlen:**

Bei gleichen Vorzeichen:

1. Addiere die Beträge.
2. Die Summe der Beträge erhält das gemeinsame Vorzeichen.

Bei verschiedenen Vorzeichen:

1. Subtrahiere den kleineren Betrag vom größeren.
2. Die Differenz erhält das Vorzeichen der Zahl mit dem größeren Betrag.

BEISPIEL — Addition einer negativen Zahl $(-11{,}5) + (+4{,}7)$

Beachte: verschiedene Vorzeichen

Lösung:

1. Schritt: $|-11{,}5| - |+4{,}7| = 11{,}5 - 4{,}7 = 6{,}8$

2. Schritt: $-11{,}5$ hat den größeren Betrag, also ist das Vorzeichen $-$.
$(-11{,}5) + (+4{,}7) = -6{,}8$

1 Berechne (vgl. Beispiel S. 58). Achte auf die Vorzeichen.

a) $(-13) + (+6)$ b) $(+27) + (-43)$ c) $(-45) + (-12)$
d) $(+16) + (+68)$ e) $(-29) + (+35)$ f) $(-1{,}5) + (-4{,}5)$

2 Notiere bei folgenden Aufgaben nur das Vorzeichen der Summe.

a) $(-1000) + (+900)$ b) $(+500) + (-899)$ c) $(-4\,501) + (+4\,499)$
d) $(-0{,}005) + (-0{,}01)$ e) $(+5{,}1) + (+1{,}5)$ f) $(-199) + (+190)$

3 Berechne.

a) $\left(-\frac{2}{3}\right) + \left(-\frac{1}{6}\right)$ b) $\left(-\frac{4}{5}\right) + \left(+\frac{2}{3}\right)$ c) $\left(+\frac{5}{8}\right) + \left(-\frac{6}{7}\right)$ d) $\left(-\frac{5}{12}\right) + \left(+\frac{7}{18}\right)$

e) $\left(-6\frac{1}{4}\right) + \left(-3\frac{3}{4}\right)$ f) $\left(+1\frac{1}{2}\right) + \left(+3\frac{5}{6}\right)$ g) $(+4{,}5) + \left(-\frac{4}{9}\right)$ h) $\left(+3\frac{2}{3}\right) + \left(+1\frac{1}{3}\right)$

4 Gib mithilfe der Zahlengeraden an, welche Zahl für *x* eingesetzt werden muss.

a) $(-5) + x = -11$ b) $(+155) + x = +105$ c) $23 + x = -10$

d) $(-4{,}9) + x = +6{,}5$ e) $x + (+7{,}2) = +3{,}6$ f) $x + \left(-5\frac{1}{3}\right) = -10\frac{1}{6}$

5 Bezeichne in den folgenden Aufgaben Guthaben mit + und Schulden mit –, berechne dann.

a) Herr Müller hat bei der „Sparbank“ ein Guthaben von 2.549,87 €, aber bei der „Plusbank“ Schulden von 1.369,01 €. Welche „Finanzlage“ hat Herr Müller?

b) Frau Klein hat Schulden bei der Sparbank von 157,09 € und bei der Plusbank von 617,98 €. Wie stellen sich ihre Finanzen dar?

6 Berechne die Temperatur.

a) Die Temperatur beträgt an einem Wintermorgen im Januar –11,2 °C. Im Laufe des Tages steigt sie um 9,5 °C. Wie lautet die Höchsttemperatur an diesem Tag?

b) Am nächsten Morgen steht das Thermometer auf $-5{,}4$ °C, die Temperatur klettert um $6{,}7$ °C. Wie viel Grad wurde es an diesem Tag maximal?

3.4 Subtrahieren rationaler Zahlen

WAS DU SCHON KÖNNEN MUSST

▷ Du weißt, dass sich rationale Zahlen auf der Zahlengeraden anordnen lassen.
▷ Du weißt, dass der Betrag einer rationalen Zahl den Abstand zum Nullpunkt angibt.
▷ Du beherrschst die Subtraktion zweier positiver rationaler Zahlen (Bruch- bzw. Dezimalzahlen).
▷ Du weißt, dass man auf dem Zahlenstrahl eine positive Zahl subtrahiert, indem man „nach links" geht.
▷ Du weißt, dass $-a$ die Gegenzahl zu $+a$ ist.

DARUM GEHT ES

In diesem Kapitel lernst du, zwei beliebige rationale Zahlen zu subtrahieren.
Hinweis: Zur Verdeutlichung verwenden wir hier (wie in Kapitel 3. 3) die Zahlen immer mit Vorzeichen. Die Zahlen mit Vorzeichen setzen wir in Klammern, um sie nicht mit den Rechenzeichen zu vermischen.

DAS MUSST DU WISSEN **Subtraktion einer positiven Zahl**

Subtraktion einer positiven Zahl bedeutet, du gehst auf der Zahlengeraden „nach links".
Beispiel: $(+4) - (+5) = (-1)$

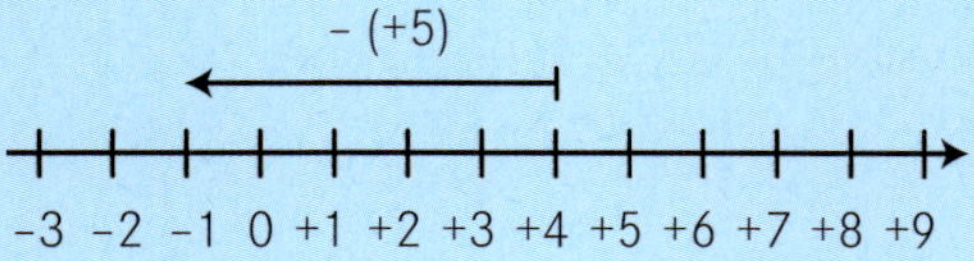

Vom Punkt $(+4)$ der Zahlengeraden gehst du um die Länge 5 nach links und kommst zum Punkt (-1).

DAS MUSST DU WISSEN | **Subtraktion einer negativen Zahl**

Subtraktion einer negativen Zahl bedeutet, du gehst auf der Zahlengeraden „nach rechts".

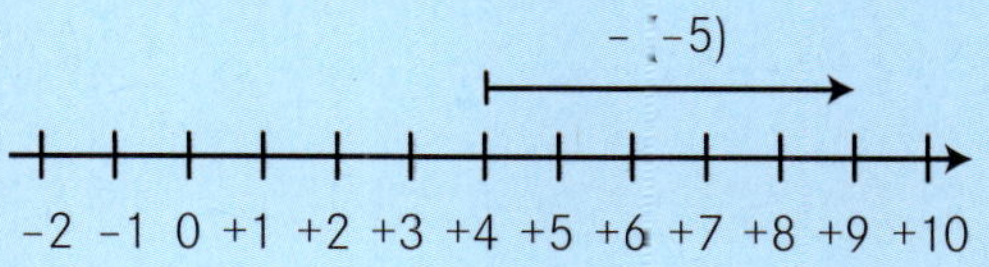

Beispiel: (+ 4) − (− 5) = (+ 9)

Vom Punkt (+ 4) der Zahlengeraden gehst du um die Länge 5 nach rechts und kommst zum Punkt (+ 9).

Was hier für ganze Zahlen gezeigt wurde, gilt auch für positive und negative Bruchzahlen bzw. Dezimalzahlen, kurz gesagt, die rationalen Zahlen.

Merke: **Subtrahieren einer Zahl** bedeutet dasselbe wie **Addieren ihrer Gegenzahl.**

Und so berechnest du die **Differenz zweier rationaler Zahlen:**
Du schreibst die **Differenz** zunächst als **Summe** und berechnest dann wie in Kapitel 3.3:

Bei gleichen Vorzeichen:

1. Addiere die Beträge.
2. Die Summe der Beträge erhält das gemeinsame Vorzeichen.

Bei verschiedenen Vorzeichen:

1. Subtrahiere den kleineren Betrag vom größeren.
2. Die Differenz erhält das Vorzeichen der Zahl mit dem größeren Betrag.

Vergleiche die beiden Beispiel aus den Kapiteln 3.3 und 3.4:

(+ 4) **−** (+ 5) = (+ 4) **+** (− 5) = ... = (− 1)
(Subtraktion) (Addition der Gegenzahl)

(+ 4) **−** (**−** 5) = (+ 4) **+** (**+** 5) = ... = (+ 9)
(Subtraktion) (Addition der Gegenzahl)

1 **Berechne (vgl. Beispiel S. 62); achte auf die Vorzeichen.**

a) (− 23) − (+ 16) b) (− 33) − (− 44) c) (+ 45) − (− 11)
d) (+ 86) − (+ 68) e) (− 19) − (− 15) f) (+ 0,5) − (+ 0,3)

BEISPIEL (− 14,5) − (+ 3,5)

Lösung:

1. Schritt: Differenz als Summe schreiben: (− 14,5) + (− 3,5)

Gleiche Vorzeichen, also:

2. Schritt: Beträge addieren: $|-14{,}5| + |-3{,}5| = 14{,}5 + 3{,}5 = 18$

3. Schritt: Das gemeinsame Vorzeichen ist −, somit:

$(-14{,}5) - (+3{,}5) = [(-14{,}5) + (-3{,}5)] = -18.$

2 **Notiere die folgenden Differenzen als Summe und gib dann das Vorzeichen der Summe an.**

a) (− 112) − (+ 73) b) (+ 531) − (− 245) c) (− 1002) − (+ 2001)
d) (+ 10,1) − (− 0,5) e) (+ 87,25) − (+ 11,5) f) (− 6793) − (− 6937)

3 **Berechne.**

a) $\left(+\frac{3}{4}\right) - \left(-\frac{1}{2}\right)$ b) $\left(-\frac{6}{7}\right) - \left(+\frac{1}{3}\right)$ c) $\left(+\frac{5}{9}\right) - \left(+\frac{5}{6}\right)$

d) $\left(+2\frac{1}{4}\right) - \left(+3\frac{3}{4}\right)$ e) $(-0{,}25) - \left(-\frac{9}{4}\right)$ f) $\left(+4\frac{3}{11}\right) - 5\frac{7}{22}$

4 **Berechne, welche Zahl für *x* eingesetzt werden muss.**

a) $x - (-15) = (-13)$ b) $x - (+53) = (+223)$ c) $x - (+256) = 0$

d) $(-3{,}1) - x = (+4{,}3)$ e) $(+6{,}5) - x = 2{,}8$ f) $\left(-11\frac{1}{2}\right) - x = \left(-10\frac{1}{4}\right)$

5 **Berechne jeweils die Differenz zwischen der Höhe der Berge und der Tiefe der Meeresgräben.**

a) Mount Everest 8 848 m, Marianengraben bis zu − 11 034 m
b) Nanga Parbat 8 125 m, Kurilengraben bis zu − 10 542 m
c) Lhotse 8 516 m, Sundagraben bis zu − 7 455 m

6 **Welche der folgenden Behauptungen sind richtig, welche sind falsch? Begründe.**

a) Eine Differenz ist immer kleiner als die erste Zahl.
b) Die Differenz einer Zahl und ihrer Gegenzahl ist immer positiv.
c) Die Differenz zweier Zahlen kann man immer als Summe schreiben.
d) Die Summe einer Zahl und ihrer Gegenzahl ist immer null.

3.5 Multiplizieren rationaler Zahlen

WAS DU SCHON KÖNNEN MUSST

- ▷ Multiplikation von positiven Bruchzahlen beherrschen
- ▷ Kommutativ-, Assoziativ- und Distributivgesetz kennen
- ▷ Multiplikation als Hintereinanderausführung von Additionen verstehen; wissen, dass das Produkt einer Zahl und Null immer null ergibt: $a \cdot 0 = 0$
- ▷ Wissen, dass eine Potenz ein Produkt aus gleichen Faktoren ist: $a^3 = a \cdot a \cdot a$
- ▷ Mit dem Begriff „Betrag“ umgehen

DARUM GEHT ES

In diesem Kapitel lernst du, welches Vorzeichen ein Produkt bei der Multiplikation verschiedener positiver und negativer Bruchzahlen erhält.

DAS MUSST DU WISSEN | Multiplikation zweier rationaler Zahlen …

… mit verschiedenen Vorzeichen

Die Multiplikation lässt sich als Hintereinanderausführung von Additionen verstehen.
Somit versteht man $5 \cdot (-7)$ als
$(-7) + (-7) + (-7) + (-7) + (-7)$ und es ist $5 \cdot (-7) = (-35)$.
Die bisherigen Gesetze für die Multiplikation und Addition, nämlich das Kommutativgesetz und das Assoziativgesetz gelten auch für das Rechnen mit rationalen Zahlen.
Somit ist auch $(-7) \cdot 5 = 5 \cdot (-7) = (-35)$.

DAS MUSST DU WISSEN Multiplikation zweier rationaler Zahlen ...

... mit gleichen Vorzeichen

Bei der Multiplikation zweier positiver Zahlen ist das Produkt auch positiv.

Dass das Produkt zweier negativer Zahlen auch positiv ist, erklärt sich aus dem Distributivgesetz:

$(-5) \cdot 0 = 0$, also auch $(-5) \cdot [(+7) + (-7)] = 0$.

Klammer ausmultiplizieren:

$(-5) \cdot 7 + (-5) \cdot (-7) = 0$

$-35 + (-5) \cdot (-7) = 0$

d. h., es muss gelten $(-5) \cdot (-7) = (+35)$ (Gegenzahl von -35).

DAS MUSST DU WISSEN Regel für ...

... die Multiplikation zweier rationaler Zahlen

1. Multipliziere die Beträge.
2. Setze das Vorzeichen wie folgt:
   a) Haben beide Faktoren verschiedene Vorzeichen [„(+) · (−)“ oder „(−) · (+)“], so hat das Produkt das Vorzeichen „Minus“ (−).
   b) Haben beide Faktoren das gleiche Vorzeichen [„(+) · (+)“ oder „(−) · (−)“], so hat das Produkt das Vorzeichen „Plus“ (+).

Beachte: Für die Multiplikation einer Zahl a mit (-1) schreiben wir einfach $-a$, also $a \cdot (-1) = \mathbf{(-1) \cdot a} = \mathbf{-a}$; Multiplikation mit $(+1)$ ist dann $a \cdot 1 = \mathbf{1 \cdot a = a}$.

Merke: $(+) \cdot (+) \rightarrow (+)$ $(-) \cdot (-) \rightarrow (+)$ $(-) \cdot (+) \rightarrow (-)$ $(+) \cdot (-) \rightarrow (-)$

1 **Berechne (vgl. Beispiel); achte auf die Vorzeichen.**

BEISPIEL

$(-11) \cdot (+6)$

Lösung:

1. Schritt: $|-11| \cdot |+6| = 11 \cdot 6 = 66$

2. Schritt: Vorzeichen setzen: Die Faktoren haben verschiedene Vorzeichen, das Produkt ist also negativ (–), es ist $(-11) \cdot (+6) = -66$.

a) $(-18) \cdot (+4)$ b) $(-15) \cdot (-9)$ c) $(-12) \cdot 7$ d) $(-1) \cdot 30$

e) $75 \cdot (-1)$ f) $(-0{,}2) \cdot (-5)$ g) $0{,}3 \cdot \left(-\frac{5}{3}\right)$ h) $\frac{7}{9} \cdot \left(-\frac{27}{28}\right)$

i) $0{,}34 \cdot 0$ j) $\frac{15}{16} \cdot 2\frac{2}{3}$

2 **Berechne im Kopf.**

a) $(+16) \cdot (-5)$ b) $(-150) \cdot (-6)$ c) $(-1{,}2) \cdot \frac{5}{3}$ d) $\frac{7}{8} \cdot \left(-\frac{7}{8}\right)$

e) $-0{,}25 \cdot (-4)$ f) $(-0{,}3) \cdot 10$ g) $0{,}75 \cdot \left(-\frac{4}{3}\right)$ h) $1\frac{1}{2} \cdot (-1{,}5)$

i) $4{,}5 \cdot \frac{2}{9}$ j) $4\frac{1}{6} \cdot \frac{24}{25}$

3 **Berechne das Produkt von mehreren Faktoren. Rechne schrittweise und achte auf die Vorzeichen.**

a) $(-3) \cdot (-4) \cdot (+5)$ b) $2 \cdot 15 \cdot (-6)$ c) $(-1) \cdot (-15) \cdot (-4)$

d) $(-1{,}5) \cdot \left(-\frac{2}{3}\right) \cdot 3$ e) $(-8)^2 \cdot (-3)$ f) $(-4) \cdot (-4) \cdot (-4)$

g) $(-2)^3 \cdot (-2)^2$ h) $[(-0{,}5) \cdot 8]^2$

4 **Stelle eine Tabelle auf, aus der man ersehen kann, wann ein Produkt**

a) aus drei Faktoren ein negatives bzw. ein positives Vorzeichen hat;

b) aus vier Faktoren positiv oder negativ ist.

5 **Verdeutliche die Multiplikation wie in den Beispielen an einer Zahlengeraden.**

BEISPIEL

$(+2) \cdot (+4) = +8$
Streckung

$(-2) \cdot (+4) = -8$
Streckung

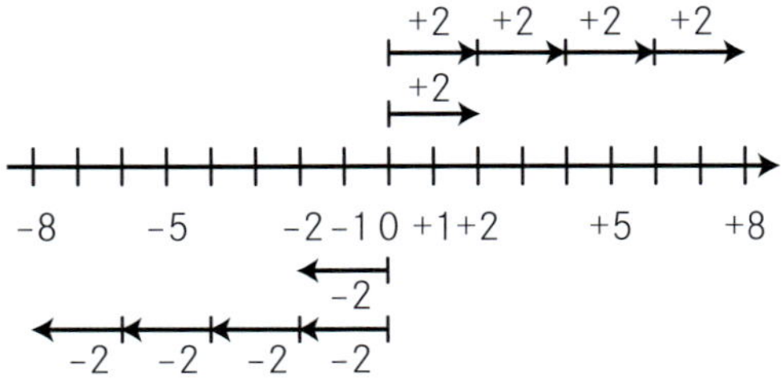

$(+2) \cdot (-4) = -8$
Streckspiegelung

$(-2) \cdot (-4) = +8$
Streckspiegelung

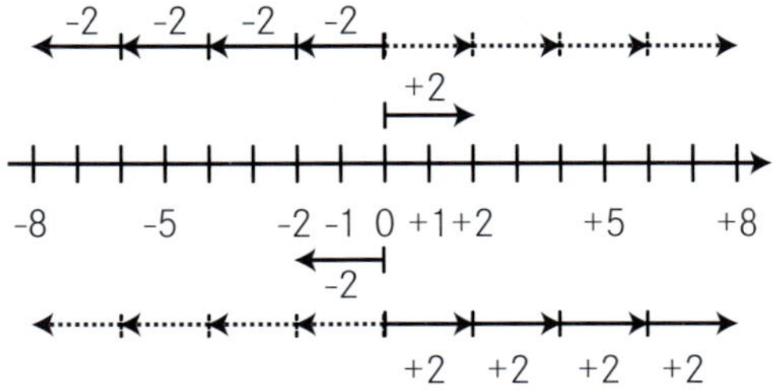

a) $(-3) \cdot (+2)$; $(-3) \cdot (-2)$; $(+3) \cdot (+2)$; $(+3) \cdot (-2)$
b) $(+1{,}5) \cdot 4$; $(-1{,}5) \cdot 4$; $(+1{,}5) \cdot (-4)$; $(-1{,}5) \cdot (+4)$
c) $(+4) \cdot (+0{,}5)$; $(-4) \cdot (+0{,}5)$; $(+4) \cdot (-0{,}5)$; $(-4) \cdot (-0{,}5)$; $(+0{,}5) \cdot (+4)$

3.6 Dividieren rationaler Zahlen

WAS DU SCHON KÖNNEN MUSST

- ▷ Division von positiven Bruch- und Dezimalzahlen beherrschen
- ▷ Multiplikation von rationalen Zahlen beherrschen
- ▷ Wissen, dass man durch null nicht teilen darf
- ▷ Wissen, dass sich eine Bruchzahl als Divisionsaufgabe schreiben lässt und umgekehrt

DARUM GEHT ES

In diesem Kapitel lernst du die Division zweier rationaler Zahlen mit gleichen und mit ungleichen Vorzeichen.

DAS MUSST DU WISSEN Multiplikation – Division

Der Multiplikation zweier Zahlen entspricht eine Division, z. B. gilt:
$12 \cdot 4 = 48$ oder $48 : 4 = 12$.
Die Multiplikation von $x \cdot 4 = 48$ entspricht der Division $x = 48 : 4$.

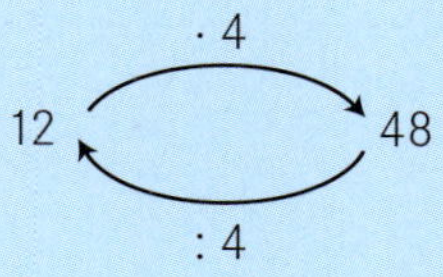

Wenn man diese Bedeutung der Division auf die rationalen Zahlen überträgt, erkennt man, dass sich für das Rechnen mit positiven und negativen Zahlen dieselben Regeln für die Vorzeichen ergeben wie bei der Multiplikation.

Division zweier rationaler Zahlen mit verschiedenen Vorzeichen
Der Multiplikation von $(-12) \cdot (+4) = (-48)$
entspricht die **Division** $(-48) : (+4) = (-12)$.

Der Multiplikation von $(-12) \cdot (-4) = (+48)$
entspricht die **Division** $(+48) : (-4) = (-12)$.

Division zweier rationaler Zahlen mit gleichen Vorzeichen
Der Multiplikation von $(+12) \cdot (+4) = (+48)$
entspricht die **Division** $(+48) : (+4) = (+12)$.

Der Multiplikation von $(+12) \cdot (-4) = (-48)$
entspricht die **Division** $(-48) : (-4) = (+12)$.

DAS MUSST DU WISSEN Regel für …

… die Division zweier rationaler Zahlen (≠ 0)

1. Dividiere die Beträge.
2. Setze das Vorzeichen wie folgt:
   a) Bei verschiedenen Vorzeichen von Dividend und Divisor [„(+) : (−)“ oder „(−) : (+)“] hat der Quotient das Vorzeichen „Minus“ (−).
   b) Bei gleichen Vorzeichen von Dividend und Divisor [„(+) : (+)“ oder (−) : (−)“] hat der Quotient das Vorzeichen „Plus“ (+).

Beachte: Durch null darf man nicht teilen, denn die Division durch null ist nicht erklärt. „x : 0 ist nicht definiert, da sich keine Zahl finden lässt, die mit 0 multipliziert eine (von 0 verschiedene) Zahl x ergibt.“

1 **Berechne im Kopf; achte auf Vorzeichen.**

a) $(-72):(-8)$ b) $(+63):(-9)$ c) $(+24):(-3)$ d) $(-125):(+15)$
e) $2{,}4:(-0{,}3)$ f) $(+2{,}5):5$ g) $(-0{,}4):(-0{,}5)$ h) $23:(-0{,}25)$

2 **Berechne.**

a) $\frac{3}{4}:\left(-\frac{21}{32}\right)$ b) $\left(-\frac{16}{27}\right):\left(-5\frac{1}{3}\right)$ c) $\left(-\frac{7}{8}\right):\frac{1}{4}$ d) $\left(-\frac{4}{15}\right):\left(-\frac{16}{45}\right)$

3 **Kürze bis zur Grunddarstellung und schreibe das Vorzeichen im Ergebnis vor den Bruch.**

a) $\frac{-72}{-144}$ b) $\frac{56}{-78}$ c) $\frac{-70}{91}$

4 **Schreibe als Bruch und kürze dann so weit wie möglich.**

a) $(-36):(-96)$ b) $26:(-2)$ c) $(-625):25$ d) $(-34):(-85)$

5 **Schreibe die Doppelbrüche als Divisionsaufgabe und rechne dann.**

a) $\dfrac{\frac{-5}{9}}{\frac{20}{9}}$ b) $\dfrac{\frac{8}{-21}}{\frac{-72}{63}}$ c) $\dfrac{6\frac{8}{15}}{-7\frac{1}{5}}$

6 **Ist z eine rationale Zahl ungleich null, so nennt man $\frac{1}{z}$ die Kehrzahl von z.**
Entscheide, welche der folgenden Aussagen wahr ist und welche falsch.

a) Ist eine Zahl z kleiner als $+1$, so ist ihre Kehrzahl größer als $+1$.
b) Multipliziert man eine rationale Zahl mit ihrer Kehrzahl, so erhält man 1.
c) Dividiert man eine rationale Zahl durch ihre Kehrzahl, so erhält man -1.
d) Wenn man eine rationale Zahl durch ihre Gegenzahl teilt, erhält man -1.
e) Wenn man von einer Zahl das Produkt aus ihrer Gegenzahl und ihrer Kehrzahl bildet, erhält man -1.

3.7 Verbindung der Grundrechenarten – Terme

WAS DU SCHON KÖNNEN MUSST

- ▷ Rechnen mit Bruchzahlen und Dezimalzahlen
- ▷ Rechenregeln für das Rechnen mit rationalen Zahlen beherrschen
- ▷ Rechengesetze (Kommutativgesetz, Assoziativgesetz, Distributivgesetz) kennen
- ▷ Reihenfolge der Berechnung von Termen kennen (KlaPoPuStri: **Kla**mmer, **Po**tenz, **Pu**nkt- dann **Stri**chrechnung)
- ▷ Begriffe für die Bestandteile der Terme kennen

DAS MUSST DU WISSEN **Terme berechnen**

1. Die drei **Rechengesetze** Kommutativ-, Assoziativ- und Distributivgesetz, die du bisher kennengelernt hast, gelten auch für das Rechnen mit rationalen Zahlen:
Für Addition und Multiplikation rationaler Zahlen a, b, c gelten:
Kommutativ-, d. h. Vertauschungsgesetz: $\boldsymbol{a + b = b + a}$ bzw. $\boldsymbol{a \cdot b = b \cdot a}$ und Assoziativ-, d. h. Verbindungsgesetz $\boldsymbol{(a + b) + c = a + (b + c)}$ bzw. $\boldsymbol{(a \cdot b) \cdot c = a \cdot (b \cdot c)}$.

Für die Verknüpfung beider Rechenarten gilt das Distributiv-, d. h. Verteilungsgesetz: $\mathbf{a} \cdot (b + c) = \mathbf{a} \cdot b + \mathbf{a} \cdot c$.

Beispiele:

a) $\mathbf{4} \cdot (15 + 5) = \mathbf{4} \cdot 15 + \mathbf{4} \cdot 5 = 60 + 20 = 80$
(oder auch: $4 \cdot 20 = 80$)

b) $(-3) \cdot [(-4) + (-5)] = (-3) \cdot (-4) + (-3) \cdot (-5)$
$= (+12) + (+15) = +27$

c) $(-1) \cdot [(+6) + (-2)] = (-1) \cdot 6 + (-1) \cdot (-2) = -6 + (+2) = -4$;
kurz: $-[6 - 2] = -6 + 2$

2. Beachte beim **Berechnen von Termen** (Rechenausdrücken) die Reihenfolge der Rechenoperationen und rechne schrittweise untereinander, damit die Rechnung übersichtlich und nachvollziehbar ist (vgl. auch Kapitel 1.7 und 2.7).

Beispiel: $[(-35) : (-7) + 48 : (-12)] \cdot (-17 + 8)$
$[(+5) + (-4)] \cdot (-9)$
$(+1) \cdot (-9) = -9$

3. Versuche bei den **Sachaufgaben** erst den Text zu verstehen und zu gliedern, berechne dann die Terme (vgl. Kapitel 1.8 und 2.8).

1 Rechne günstig, indem du Vertauschungs- oder Verbindungsgesetz anwendest.

a) $(-35) + 231 + (-65)$

b) $576{,}5 + (-42) + (-58)$

c) $-\frac{3}{5} + \frac{4}{7} + \left(-\frac{2}{5}\right)$

d) $(-4) \cdot 37 \cdot (-25)$

e) $0{,}25 \cdot (-13) \cdot (-8)$

f) $\frac{3}{10} \cdot \frac{7}{13} \cdot \left(-\frac{5}{9}\right)$

2 Wende das Distributivgesetz (Verteilungsgesetz) an.

a) $(-5) \cdot [(-8) + (-10)]$

b) $-10 \cdot [3{,}7 + (-2{,}9)]$

c) $\left(-\frac{11}{7} + \frac{11}{9}\right) \cdot \left(-5\frac{8}{11}\right)$

3 **Berechne schrittweise untereinander.**

a) $(-6{,}5 + 1{,}2^2 \cdot 2) \cdot (-1{,}5)$

b) $[53 - (-24)] : 11 + (-63) : 9$

c) $\left(-\frac{2}{5}\right) \cdot (-2{,}5) - \left[\left(\frac{2}{3}\right)^2 + \frac{5}{9}\right]$

d) $-2{,}5 \cdot \left[-\frac{2}{5} - \left(-\frac{2}{3}\right)^2 \cdot \frac{5}{9}\right]$

4 **Stelle den Term auf und berechne ihn.**

a) Multipliziere -7 mit der Summe der Zahlen -9 und -5.
b) Addiere $\left(-\frac{5}{8}\right)$ zum Produkt der Zahlen $-\frac{3}{4}$ und $\frac{5}{6}$.
c) Dividiere die Differenz der Zahlen $-0{,}3$ und $-0{,}5$ durch -2.

5 **Die Klasse 6a rechnet aus, wie viel ihr Klassenfest letztendlich gekostet hat.**

Dabei hatten die 32 Schüler folgende Einnahmen: 1,50 € von jedem Schüler und 15,57 € aus der Klassenkasse. Das Essen wurde von den Eltern gespendet, die Getränke mussten gekauft werden: 2 Kästen Limo zu je 9,89 €, 3 Kästen Wasser zu je 6,49 € und 2 Kästen Apfelschorle zu je 7,79 €. Für Dekoration, Servietten und Becher haben die Schüler insgesamt 19,30 € ausgegeben. Haben die Einnahmen ausgereicht? Wenn nicht, bestimme, wie viel jeder Schüler noch bezahlen muss.

Test

1 **Welche ganzen Zahlen erfüllen jeweils die folgenden Ungleichungen?**

a) $-3{,}1 < x < 2{,}8$

b) $-0{,}99 < y < 1{,}66$ |4|

2 **Berechne. Bei Differenzen schreibe erst als Summe und berechne dann.**

a) $(-0{,}87) + (-1{,}05)$

b) $(+2{,}09) - (+8{,}91)$

c) $(+0{,}2) - \left(-13\frac{3}{5}\right)$ |8|

3 Subtrahiere jeweils die größere von der kleineren Zahl.

a) − 78; − 17 b) + 305; − 45 c) + 52,35; + 2,36 |6|

4 Berechne.

a) − 5,8 · (− 7) b) − 4,5 · (− 6,3) c) 24,42 : (− 0,2) |6|

5 Berechne.

a) 3,7 + (− 2,5) : 5 b) (− 3 + (− 5,2) : 4) · (− 1) |6|

6 Stelle den Term auf und berechne.

a) Subtrahiere (− 38) − (+ 74) von der Summe der jeweiligen Gegenzahlen. |5|

b) Um wie viel ist der Quotient $\frac{1}{10} : \frac{2}{5}$ größer als die Differenz $\frac{2}{20} - \frac{9}{10}$? |7|

7 Sachaufgaben.

a) Der griechische Mathematiker Thales von Milet lebte von etwa 624 v. Chr. bis ca. 544 v. Chr. Wie alt wurde Thales? |4|

b) Ägypten war von 30 v. Chr. bis 395 n. Chr. römische Provinz. Wie viele Jahre war Ägypten römisch?
Beachte: In der damaligen Zeitrechnung gab es kein Jahr „Null“. |4|

|50|

Wie viele Punkte hast du? Erreichst du mehr als 39 Punkte, beherrschst du den Inhalt des Kapitels wirklich gut. Erreichst du weniger als 20 Punkte, dann solltest du dieses Kapitel wiederholen.

4 Prozentrechnung

4.1 Anteil – Bruchteil – Ganzes (Wiederholung aus der Bruchrechnung)

WAS DU SCHON KÖNNEN MUSST

▷ Erweitern und Kürzen von Bruchzahlen
▷ Rechnen mit Bruchzahlen beherrschen
▷ Umwandeln von Bruch- in Dezimalschreibweise und umgekehrt
▷ Wissen: „Ganzes · Anteil = Bruchteil" (vgl. Kapitel 1.8)

DARUM GEHT ES

▷ **Anteile, Bruchteile, Ganzes**

Aus der Bruchrechnung kennst du das Rechnen mit Ganzem, Anteil und Bruchteil, auch wenn du die Begriffe vielleicht nicht in dieser Art verwendet hast.

Beispiel: $\frac{3}{4}$ von 12 € sind 9 €;

Rechnung: $12\,€ \cdot \frac{3}{4} = (12\,€ : 4) \cdot 3 = 3\,€ \cdot 3 = 9\,€$

12 € ist das Ganze, $\frac{3}{4}$ ist der Anteil und 9 € ist der Bruchteil.

▷ **Bruch-, Dezimal- und Prozentschreibweise**

Den Anteil $\frac{3}{4}$ kann man auf verschiedene Weise schreiben:

Beispiel: $\frac{3}{4} = 0{,}75 = 75\,\%$.

- Bruchschreibweise: $\frac{3}{4}$
- Dezimalschreibweise: 0,75
  denn: $\left[\frac{3}{4} = 3 : 4 = 0{,}75 \text{ oder } \frac{3}{4} = \frac{75}{100} = 0{,}75\right]$
- Prozentschreibweise: 75 %, sprich: „75 Prozent"
  $\left(\text{d. h. 75 pro Hundert bzw. } \frac{75}{100}\right)$

DAS MUSST DU WISSEN **Anteil – Bruchteil – Ganzes**

Erläuterung der Begriffe anhand des Beispiels „$\frac{3}{4}$ von 12 € sind 9 €.“: Man erhält

- den **Anteil,** indem man den Bruchteil durch das Ganze teilt: $9\,€ : 12\,€ = \frac{3}{4}$.
- den **Bruchteil,** indem man das Ganze mit dem Anteil multipliziert: $12\,€ \cdot \frac{3}{4} = 9\,€$.
- das **Ganze,** indem man den Bruchteil durch den Anteil dividiert: $9\,€ : \frac{3}{4} = 12\,€$.

Hinweis: Die Erklärung der Prozentrechnung erfolgt hier über die Bruchrechnung und nicht über die Verhältnisrechnung (proportionale Zuordnungen), da diese in vielen Bundesländern erst in Klasse 7 eingeführt wird.

1 Gib die Anteile an, und zwar 1.) als gekürzten Bruch, 2.) als Dezimalzahl und 3.) in Prozentschreibweise.

a) 3 cm von 15 cm b) 4 l von 25 l c) 6 kg von 30 kg

d) 8 m von 50 m e) 150 g von 2 kg f) 50 ct von 8 €

2 Berechne den Bruchteil.

a) Wie viel ist $\frac{1}{6}$ von $1\frac{1}{2}$ Stunden?

b) Wie viel ist 75 % von 160 €?

c) Wie viel sind $\frac{4}{15}$ von 1290 m^2?

d) In der Klasse 6 b sind $\frac{5}{8}$ der 32 Schüler Mädchen.
Wie viele Jungen gibt es?

3 Berechne das Ganze.

a) $\frac{5}{8}$ des Preises sind 75 €.
b) Die Hälfte des angegebenen Gewichts sind 4,6 kg.
c) 450 g sind 9 % des Gewichts.
d) Ein Mantel kostet im Schlussverkauf noch $\frac{4}{5}$ des alten Preises, nämlich 89,40 €. Wie viel hat er zuvor gekostet?

4 Gib die folgenden Anteile in Dezimal- und Prozentschreibweise an.

a) $\frac{35}{50}$
b) $\frac{3}{25}$
c) $\frac{7}{20}$
d) $\frac{5}{8}$
e) $\frac{1}{4}$
f) $\frac{490}{1000}$
g) $\frac{9}{1000}$

4.2 Prozentsatz – Prozentwert – Grundwert

WAS DU SCHON KÖNNEN MUSST

▷ Multiplizieren und Dividieren von Bruchzahlen und Dezimalzahlen
▷ Mit Bruch-, Dezimal- und Prozentschreibweise umgehen
▷ Anteile, Bruchteile und Ganzes berechnen

DARUM GEHT ES

Im Alltag werden Anteile oft in „Prozent“, d. h. in Hundertstelbrüchen, angegeben. Die Begriffe Anteil, Bruchteil und Ganzes werden nun anders benannt und auf die Prozentrechnung übertragen:

▷ Anteil → **Prozentsatz**
▷ Bruchteil → **Prozentwert**
▷ Ganzes → **Grundwert**

Anstelle des Hundertstelbruches $\frac{p}{100}$ schreiben wir p % (Prozentsatz).

DAS MUSST DU WISSEN Prozentsatz – Prozentwert – Grundwert

Erläutert werden sollen Prozentsatz (**$p\,\%$**), Prozentwert (**W**), Grundwert (**G**) am Beispiel „9 € von 12 € sind 75 %" (vgl. Kapitel 4.1).
Man erhält

- den **Prozentsatz,** indem man den Prozentwert durch den Grundwert teilt: $9\,€ : 12\,€ = \frac{3}{4} = 0{,}75 = 75\,\%$.
- den **Prozentwert,** indem man den Grundwert mit dem Prozentsatz multipliziert: $12\,€ \cdot 75\,\% = 12\,€ \cdot 0{,}75 = 9\,€$.
- den **Grundwert,** indem man den Prozentwert durch den Prozentsatz dividiert: $9\,€ : 75\,\% = 9\,€ : 0{,}75 = 12\,€$.

Ein **Pfeilbild** kann den Zusammenhang verdeutlichen:

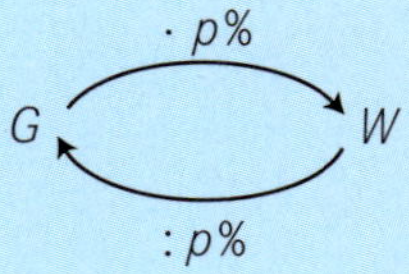

Vorwärts gilt **$G \cdot p\,\% \rightarrow W$** und rückwärts **$W : p\,\% \rightarrow G$**.
$12\,€ \cdot 75\,\% \rightarrow 9\,€;\ 9\,€ : 75\,\% \rightarrow 12\,€$

Du kannst dir aber auch die folgenden **Formeln** merken:

Prozentsatz $= \frac{\text{Prozentwert}}{\text{Grundwert}}$ $\qquad p\,\% = \frac{W}{G}$

Prozentwert $=$ Grundwert $\cdot$ Prozentsatz $\qquad W = G \cdot p\,\%$

Grundwert $= \frac{\text{Prozentwert}}{\text{Prozentsatz}}$ $\qquad G = \frac{W}{p\,\%}$

Gib acht, wenn du beim Rechnen mit „$p\,\%$" in eine Kommazahl umwandelst:
$12 \cdot 75\,\% = 12 \cdot 0{,}75$.

1 Bruch-, Dezimal-, Prozentschreibweise: Gib die beiden fehlenden Schreibweisen an. Rechne im Kopf, kürze wenn möglich.

a) $99\,\%$ b) $\frac{23}{100}$ c) $20\,\%$ d) $0{,}05$

e) $\frac{3}{50}$ f) $0{,}5\,\%$ g) $\frac{27}{30}$

2 **Gib folgende Brüche in Prozentschreibweise an und lerne sie auswendig.**

$\frac{1}{2}$; $\frac{1}{3}$; $\frac{1}{4}$; $\frac{1}{5}$; $\frac{1}{8}$; $\frac{1}{10}$; $\frac{1}{1}$; $\frac{2}{1}$; $\frac{1}{20}$; $\frac{1}{30}$; $\frac{1}{40}$; $\frac{1}{50}$; $\frac{1}{100}$; $\frac{-}{25}$

3 **Gib den Anteil der blauen Flächen gegenüber der Gesamtfläche der Figur in Bruch- und Prozentschreibweise an.**

a) 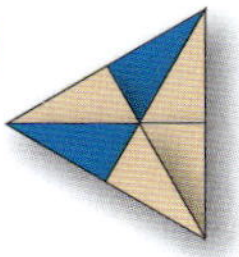

b) 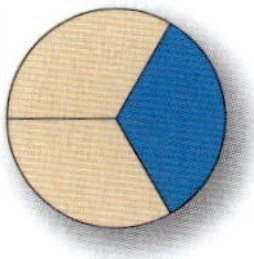

c) 

d) 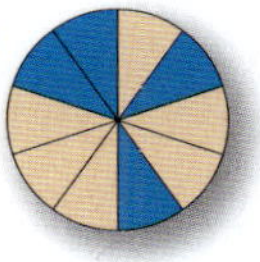

e) 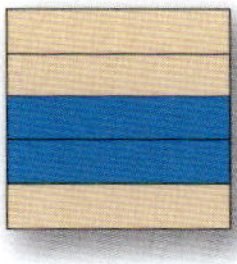

f) 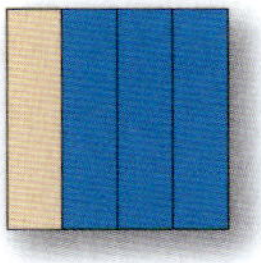

g) 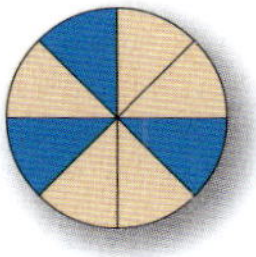

4 **Berechne den Prozentsatz.**

a) W = 30 €; G = 40 €
b) W = 8 kg; G = 20 kg
c) W = 30 m; G = 0,3 km
d) W = 45 s; G = 2 h
e) W = 1,5 Teile; G = 2,5 Teile
f) $W = G$
g) 6 € von 30 €
h) 4 g von 20 g
i) 15 von 90
j) 0,5 von 100

5 **Berechne den Prozentwert.**

a) 12 % von 84 kg
b) 9 % von 630 €
c) 2,5 % von 625 m²
d) 16 % von 496 km
e) G = 200 €; p % = 5 %
f) 16 % von 8 kg
g) 48 % von 450 ha

6 **Berechne den Grundwert.**

a) W = 55 m; p % = 40 %
b) W = 410,40 €; p % = 76 %
c) W = 1 kg; p % = 32 %
d) 60 % des alten Preises sind 63 €.
e) Der Anteil von 50 € am Gewinn sind 5 %.
f) 25 %, das sind 180 m² eines Grundstücks, sind bebaut.

7 Bruttolohn und Steuern

Herr Müller zahlt 896 € an Steuern und anderen Abgaben, das sind 32 % seines Lohns. Herr Schmidt bekommt nach Abzug der Steuern und Abgaben 1.560 € seines Bruttolohns von 2.400 € ausgezahlt.

a) Wie viel verdient Herr Müller?
b) Wer zahlt anteilig mehr Steuern?

4.3 Prozentuale Erhöhung oder Verminderung

WAS DU SCHON KÖNNEN MUSST

- ▷ Prozentsatz, Prozentwert und Grundwert berechnen (s. Kapitel 4.2)
- ▷ Grundaufgaben der Prozentrechnung beherrschen (s. Kapitel 4.2)
- ▷ Textaufgaben verstehen und in mathematische Rechenschritte „übersetzen“

DARUM GEHT ES

In diesem Kapitel lernst du, prozentuale Erhöhung oder Verminderung des Grundwertes zu berechnen. Das heißt, dass neben den in Kapitel 4.2 vorgestellten Formeln noch weitere Rechenschritte zur Anwendung kommen.

BEISPIEL Prozentuale Erhöhung des Grundwertes

Frau Schneider kauft einen Fahrradgepäckträger für 413 €. **Hinzu** kommen aber noch 19 % Mehrwertsteuer. Wie viel zahlt sie?

Lösung:

1. Schritt: Prozentwert ermitteln: $W = 413\,€ \cdot 0{,}19 = 78{,}47\,€$

2. Schritt: Grundwert **erhöhen:** $G + W = 413\,€ + 78{,}47\,€ = 491{,}47\,€$

Antwort: Frau Schneider zahlt für den Fahrradgepäckträger 491,47 €.

BEISPIEL **Prozentuale Verminderung des Grundwertes**

Herrn Kellers Wunschauto kostet laut Liste 27.500 €. Da es sich um einen Vorführwagen handelt, bekommt er ihn für 23.375 €.
Wie viel Prozent wurden ihm laut Listenpreis **erlassen?**

Lösung:

1. Möglichkeit: Prozentwert ermitteln, dann Prozentsatz berechnen
Prozentwert: W = 27.500 € − 23.375 € = 4.125 €
Prozentsatz: 4.125 € : 27.500 € = 0,15 = 15 %

2. Möglichkeit: Prozentsatz des verminderten Grundwerts ermitteln und diesen von 100 % subtrahieren.
Prozentsatz des verminderten Grundwertes:
23.375 € : 27.500 € = 0,85 = 85 %
Prozentsatz des Nachlasses: 100 % − 85 % = 15 %

Antwort: Herrn Keller wurden 15 % vom ursprünglichen Preis erlassen.

Achtung: Texte genau lesen und erkennen, worauf sich der Prozentwert bezieht.

1 **Bestimme den Prozentsatz, um den ein Produkt teurer oder billiger wurde im Vergleich zum ursprünglichen Preis. Runde evtl. auf 2 Dezimale.**

a) Vorher 1,09 €, jetzt 0,98 €
b) Vorher: 149,00 €, jetzt 159,00 €
c) Vorher 1,21 €, jetzt 0,99 €
d) Vorher: 0,79 €, jetzt 0,99 €

2 **Peters Lieblingsturnschuhe stehen im Laden für 89.00 €.**
Als er am nächsten Tag die Schuhe kaufen will, ist der Preis im 10 % erhöht worden, also wartet er ab. Nach zwei Wochen ist der neue Preis wieder durchgestrichen, mit dem Vermerk − 10 %. „Da zahle ich ja doch wieder den alten Preis“, denkt sich Peter.
Hat er recht? Wie viel muss er jetzt für die Schuhe zahlen?

3 Ein Paar Inlineskates kosten 185 €.

14 Tage vor dem Sommerschlussverkauf werden die Inliner 20 % billiger angeboten. Als dann im Schlussverkauf der neue Preis nochmals um 25 % gesenkt wurde, kauft Jens die Inlineskates.

a) Wie viel bezahlt er?

b) Wie viel Prozent hat er gegenüber dem ursprünglichen Preis von 185 € gespart?

4 Preis einer Schultasche

Der Preis (70 €) einer Schultasche steigt gegen Ende der Ferien um 15 % an, am Anfang des Schuljahres wird der Preis wieder auf 70 € herabgesetzt.

a) Wie viel kostet die Schultasche am Ende der Ferien.

b) Um wie viel Prozent muss der erhöhte Preis später wieder gesenkt werden?

5 Ein Sweatshirt wurde im Preis um 40 % gesenkt und kostet nur noch 21 €.Wie viel hat es vor der Reduzierung gekostet?

6 Die Mitgliederzahl eines Vereins ist um ca. 16,82 % angestiegen und beträgt nun 125. Wie viele neue Mitglieder sind dazugekommen?

7 Rabatt und Skonto

Info: Rabatt ist ein Preisnachlass, der Kunden unter gewissen Bedingungen gegeben wird. Skonto ist ein Preisnachlass, der häufig bei sofortiger Barzahlung gewährt wird.

Berechne, was der Kunde jeweils zahlen muss.

a) Auf einer Rechnung über 155,20 € steht:
Bei Zahlung innerhalb von 10 Tagen 3 % Skonto.

b) Andreas erhält auf sein neues Fahrrad 20 % Rabatt und zusätzlich noch 3 % Skonto. Er bezahlt 294,88 €. Wie viel hat es ursprünglich gekostet?

4.4 Darstellung von Prozenten in Diagrammen

WAS DU SCHON KÖNNEN MUSST

- ▷ Grundaufgaben der Prozentrechnung beherrschen (vgl. Kapitel 4.2)
- ▷ Eine Vorstellung von Kreis- und Säulen- bzw. Balkendiagrammen haben

DARUM GEHT ES

In diesem Kapitel lernst du, verschiedene Prozentangaben zu einem Grundwert in einem Kreisdiagramm darzustellen. Dabei ist der Grundwert, also 100 %, der ganze Kreis von 360° („Vollwinkel“).

BEISPIEL Notenspiegel als Kreisdiagramm

Im nebenstehenden Diagramm ist der Notenspiegel einer gut ausgefallenen Klassenarbeit aus zwei Parallelklassen (insgesamt 60 Schüler) dargestellt.
Erstelle den Notenspiegel!

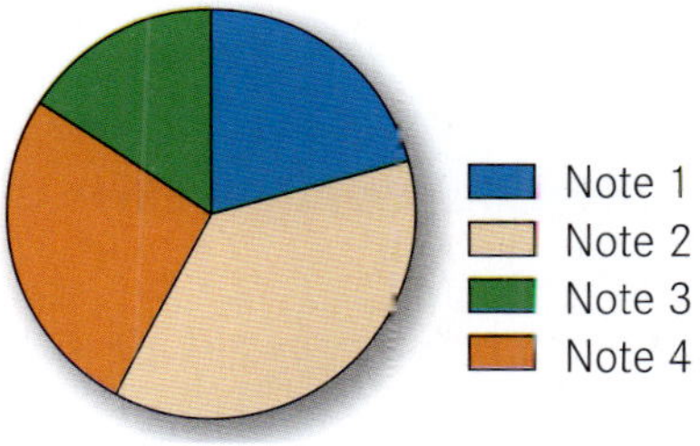

Lösung:

Wenn man, wie in diesem Fall keine weiteren Angaben hat, muss man wie folgt vorgehen, will man den genauen Notenspiegel erstellen.

1. **Mittelpunktswinkel der Kreissektoren messen**
   Nachteil: Beim ungenauen Messen entstehen sehr leicht Fehler!
2. **Anteil der Kreissektoren am Vollkreis in Prozent angeben**
   Prozentwert ist der gemessene Winkel W, Grundwert ist der Vollwinkel 360°.
   Gerechnet wird: „W geteilt durch 360°“ und man erhält $p\,\%$.
3. **Jeweilige Prozentwerte zum Grundwert 60 Schüler ermitteln**
   Gerechnet wird jeweils $60 \cdot p\,\%$ und man erhält die Zahl der Schüler, die eine entsprechende Note geschrieben haben.

	Note 1	Note 2	Note 3	Note 4
1. Mittelpunkts-winkel messen	72°	126°	54°	108°
2. Prozentsatz Kreissektor	$\frac{72°}{360°} = 0{,}2$ $= 20\,\%$	$\frac{126°}{360°} = 0{,}35$ $= 35\,\%$	$\frac{54°}{360°} = 0{,}15$ $= 15\,\%$	$\frac{108°}{360°} = 0{,}30$ $= 30\,\%$
3. Prozentwert Schülerzahl	$60 \cdot 20\,\% = 12$	$60 \cdot 35\,\% = 21$	$60 \cdot 15\,\% = 9$	$60 \cdot 25\,\% = 18$

Antwort: Der Notenspiegel lautet:

Note	1	2	3	4	5	6
Schüler	12	21	9	18	0	0

1 Die Kreisdiagramme stellen die Ergebnisse verschiedener Wahlausgänge dar.

I) Klassensprecherwahl der Klasse 6c II) Ortsbeiratswahl in Mittelort

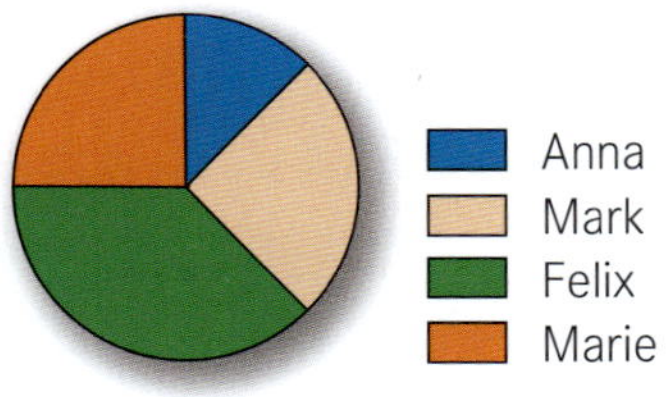

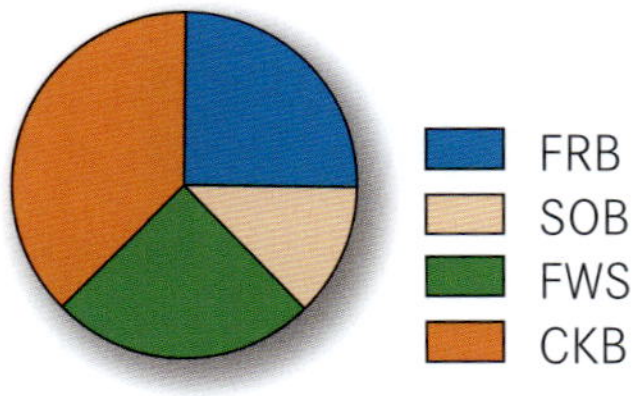

a) Gib eine kurze Beurteilung zur Gleichheit der beiden Diagramme an. (Mittelpunktswinkel der Kreisausschnitte: Anna 45°, Mark 90°, Felix 135°, Marie 90°)

b) Berechne den jeweiligen Stimmenanteil in Prozent (für I und II).

c) Bei der Klassensprecherwahl wurden 32 gültige Stimmen abgeben, wie viele Stimmen entfallen auf jeden einzelnen Kandidaten?

d) Die FRB hat 1035 Stimmen mehr als die SOB. Wie viele Stimmen wurden insgesamt abgegeben. Wie viele Stimmen entfielen auf die einzelnen Gruppierungen?

2 Bei der Bürgermeisterwahl (Klein, Schneider, Schulz) in Oberschlaudorf stellt sich das Verhältnis der Stimmen im Kreisdiagramm wie nebenstehend dar:

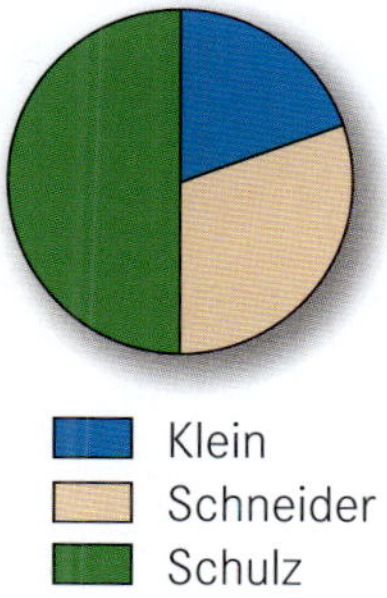

a) Gib den Prozentsatz an, den jeder der 3 Kandidaten von der Gesamtzahl der abgegebenen gültigen Stimmen erzielt hat.
b) Schneider hat 66 Stimmen mehr als Klein. Wie viele gültige Stimmen wurden abgegeben?
c) Wie viele Stimmen haben die drei Kandidaten jeweils erhalten?

3 Zeichne ein Kreisdiagramm.
Eine Klassenfahrt soll 90 € kosten. Der Preis teilt sich auf in: 54 € Übernachtung, 22,50 € Busfahrt sowie 13,50 € für Eintrittsgelder.

TIPPS UND INFOS | **Prozentangaben im Streifendiagramm**

Bei einem Streifendiagramm entsprechen die Prozentsätze den Anteilen an der Streifenlänge. Ein Beispiel siehst du hier:

4 Max hat die durchschnittliche Dauer seiner Aktivitäten von Montag bis Freitag notiert und dann in Prozentsätzen angegeben.
Schlafen 37,5 %, Schule inklusive Schulweg 35 %, Zeit für Mahlzeiten 2,8 %, Sport 3,125 %, die restliche Zeit verbringt er vor dem Computer.

a) Erstelle ein Streifendiagramm.
b) Wie viel Zeit verbringt er mit den einzelnen Aktivitäten?

Test

1 Bestimme die fehlenden Größen.

a) Der gesuchte Prozentwert ist 12 % von 375 m. |3|

b) 0,7 % vom gesuchten Grundwert ergibt 14 kg. |3|

c) Wie viel Prozent sind 35 € von 62,50 €. |4|

2 Ein Lottogewinn wird unter drei Spielern wie folgt aufgeteilt: Herr Schönbeck erhält 2.700 €, Frau Klein 210 € und Herr Bremer 1.200 €.

a) Wie viel Prozent des Gewinns bekommt jeder? |5|

b) Zeichne für die Gewinnaufteilung ein Kreisdiagramm, bestimme dazu die Winkelmaße. |6|

3 Die Miete einer Wohnung wurde um 8 % erhöht, das waren 92 €. Wie hoch war die Miete nach der Erhöhung? |5|

4 Christian gibt 35 % seines monatlichen Taschengeldes für Süßigkeiten, Kino und CDs aus, 20 % spart er für Geschenke, nämlich 11,20 €. Den Rest spart er für ein Fahrrad.

a) Wie viel Taschengeld erhält Christian? |6|

b) Wie viel spart er für das Fahrrad? |2|

5 Im vergangenen Jahr kostete eine Eintrittskarte für das Hallenbad 1,80 €. In diesem Jahr sind die Preise um 25 % gestiegen.
Kauft man eine Zehnerkarte, ermäßigt sich der diesjährige Preis um 16 %.
Wie viel kostet in diesem Jahr eine Zehnerkarte? |8|

6 Der Unterschied zwischen $3\frac{1}{3}$ % und 3,3 % beträgt 1,50 €. Wie viel € beträgt der Grundwert? |8|

|50|

Wie viele Punkte hast du? Erreichst du mehr als 39 Punkte, beherrschst du den Inhalt des Kapitels wirklich gut. Erreichst du weniger als 20 Punkte, dann solltest du dieses Kapitel wiederholen.

5 Symmetrien und Abbildungen

5.0 Symmetrien und Abbildungen – Vorbemerkung

WAS DU SCHON KÖNNEN MUSST

In Klasse 5 hast du schon achsen- und evtl. auch punktsymmetrische Figuren untersucht. Dabei hast du zum Beispiel festgestellt, dass der Buchstabe „A“ eine achsensymmetrische Figur ist, denn wenn du an der gestrichelten Linie faltest, liegen die linke und die rechte Hälfte aufeinander. Der Buchstabe „Z“ ist eine punktsymmetrische Figur, denn durch eine halbe Drehung (um 180°) um das Drehzentrum bringst du die Figur wieder „zur Deckung“.

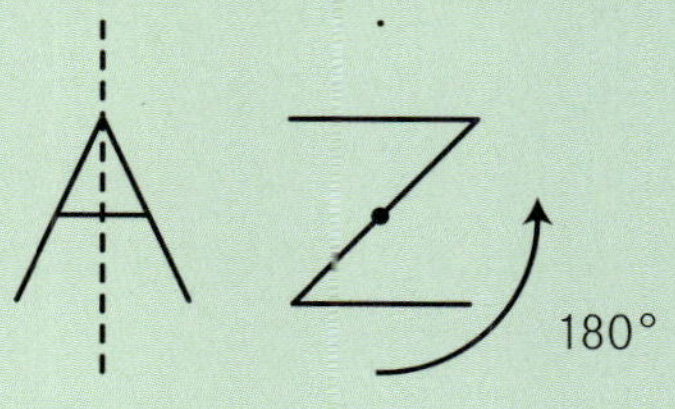

DARUM GEHT ES

In Klasse 6 lernst du, wie man eine Figur so abbildet, dass eine dazu symmetrische Figur entsteht. In diesem Kapitel beschränken wir uns dabei auf achsensymmetrische, punktsymmetrische und drehsymmetrische Abbildungen.

BEISPIEL Abbildungen aus dem Alltag

- ▷ Beim Schauen in den Spiegel siehst du ein Bild von dir.
- ▷ Beim Fotografieren mit der Digitalkamera siehst du das Bild der zu fotografierenden Landschaft auf dem Display.
- ▷ Auf der Wanderkarte sind Wege und Höhenlinien aus dem Gelände aufgezeichnet.

Diese beschriebenen Abbildungen sind alles Abbildungen räumlicher (dreidimensionaler) Objekte in eine Ebene (zweidimensional).
Wir beschäftigen uns in diesem Kapitel nur mit der Abbildung von Figuren innerhalb einer Ebene, wie du es zum Beispiel vom Falten her kennst:

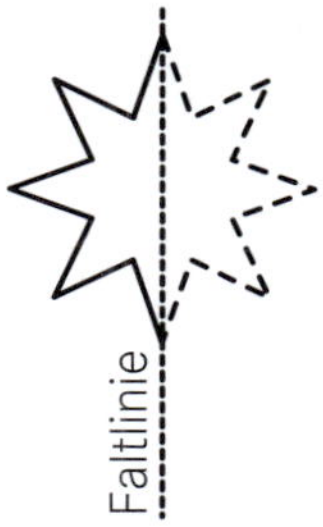

DAS MUSST DU WISSEN | **Figur – Bildfigur**

Faltet man an der Spiegelachse, so liegen die ursprüngliche Figur *ABCD* und die Bildfigur aufeinander. Entsprechende Eckpunkte der Bildfigur kennzeichnet man mit einem Strich (').

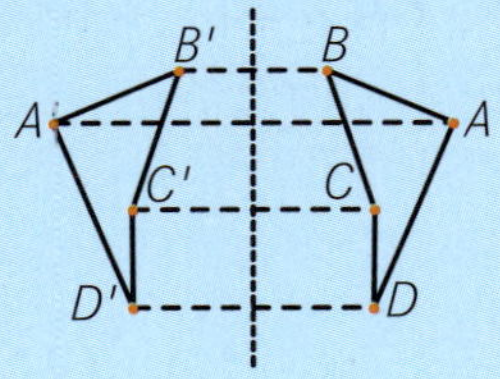

5.1 Achsenspiegelung und Achsensymmetrie

WAS DU SCHON KÖNNEN MUSST

- ▷ Achsensymmetrie erkennen
- ▷ Mit dem Geodreieck umgehen, insbesondere: Orthogonalen mit dem Geodreieck konstruieren
- ▷ Mit einem Zirkel umgehen
- ▷ Punkte in ein Koordinatensystem zeichnen

DARUM GEHT ES

In diesem Kapitel lernst du, Figuren der Ebene an einer Geraden (Spiegelachse) symmetrisch abzubilden. Man geht dabei so vor, dass man die Eckpunkte der Figur abbildet und anschließend diese abgebildeten Eckpunkte in derselben Reihenfolge der Benennung wie in der ursprünglichen Figur verbindet.

DAS MUSST DU WISSEN | **Fixpunkt**

Liegt ein Punkt der Figur auf der Spiegelachse, so sind Punkt und Bildpunkt identisch (Fixpunkt).

BEISPIEL Achsenspiegelung

Als **Beispiel** wählen wir ein Dreieck ABC, das an einer Geraden g gespiegelt werden soll.

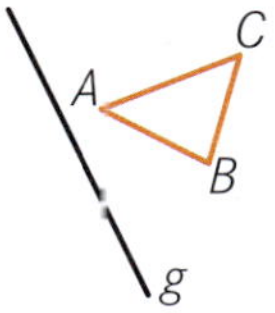

Im **1. Schritt** konstruieren wir mit dem Geodreick die Orthogonalen zu g durch die Punkte A, B und C.

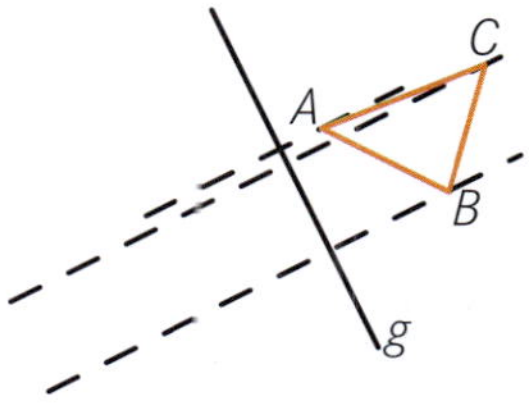

Im **2. Schritt** müssen die Punkte A, B, C so überführt werden, dass sie den gleichen Abstand zu g haben. Dazu geht man wie folgt vor:
Wir stechen die Zirkelspitze in S_1 auf der Geraden g ein, stellen den Abstand zu A ein und übertragen den Abstand auf die andere Seite der Spiegelachse. Wir erhalten A'. Gleiches erfolgt mit den Punkten $B \rightarrow B'$, $C \rightarrow C'$.

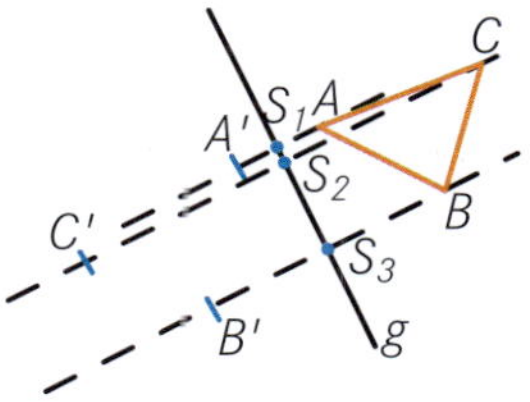

Im **3. Schritt** verbinden wir die Bildpunkte in der Reihenfolge $A'B'C'$.
Hinweis: Das Bild ist achsensymmetrisch zur Ausgangsfigur, aber die Orientierung der Punkte ist umgekehrt.

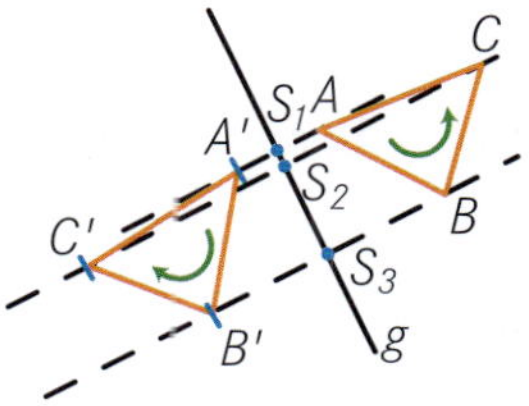

TIPPS UND INFOS Gitternetz als Hilfsmittel

Bei einem Gitternetz kannst du oft abzählen, das erspart die Konstruktion von Senkrechten zur Spiegelachse.

1 **Übertrage die Figuren auf ein Blatt und ergänze sie zu einer achsensymmetrischen Figur durch Abzählen der Kästchen.**

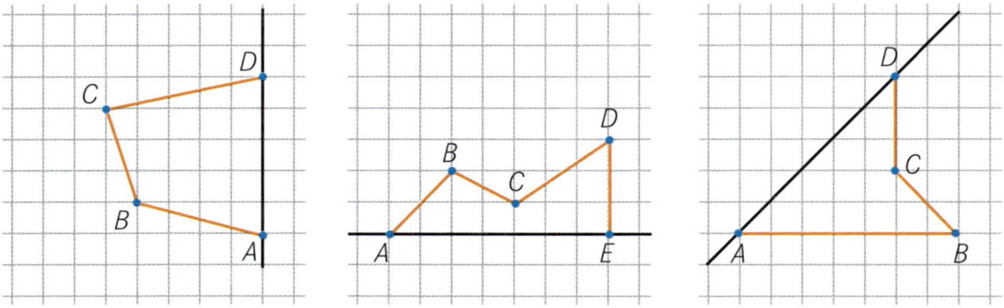

2 **Verfahre wie in Übung 1.**

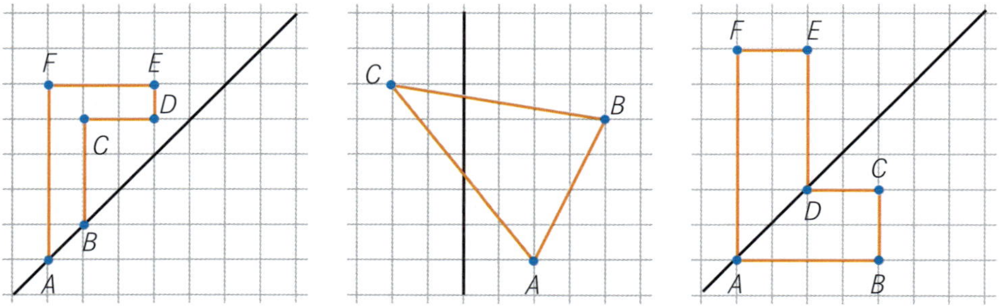

3 **Die folgenden Figuren sollen erst an der Geraden *g* und dann an der Geraden *h* gespiegelt werden.**

Beachte: Bei einer Hintereinanderausführung mehrerer Abbildungen wird z. B. A' in A'' überführt: $A \rightarrow A' \rightarrow A''$.

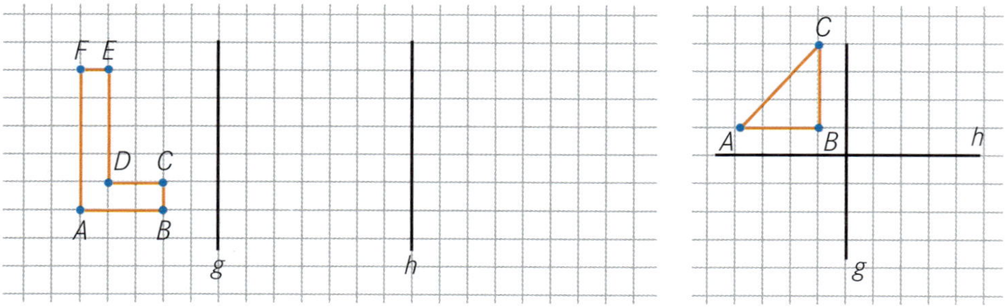

4 **Zeichne die Figur *ABCD* in ein geeignetes Koordinatensystem und spiegle die Figur (ohne Abzählen) an der Geraden durch *P* und *Q*.**
Dabei haben die Punkte folgende Koordinaten:
$A(1\,|\,1)$; $B(2\,|\,2)$; $C(1\,|\,4)$; $D(0\,|\,2)$; $P(3\,|\,2)$; $Q(-1\,|\,-2)$
Notiere die Koordinaten der Bildpunkte.

5.2 Punktspiegelung und Punktsymmetrie

WAS DU SCHON KÖNNEN MUSST

- ▷ Punktsymmetrie erkennen, Punktsymmetrie als Drehung um 180° verstehen
- ▷ Mit dem Geodreieck umgehen
- ▷ Mit einem Zirkel umgehen

DARUM GEHT ES

In diesem Kapitel lernst du, eine geometrische Figur der Ebene an einem Punkt (Drehpunkt oder Spieglungspunkt) zu spiegeln. Wieder geht man dabei so vor, dass man die Eckpunkte der Figur abbildet und anschließend diese Eckpunkte der abgebildeten Figur in derselben Reihenfolge der Benennung wie in der ursprünglichen Figur verbindet.

TIPPS UND INFOS **Punktsymmetrie**

Eine Figur ist punktsymmetrisch, wenn sie bei der Spiegelung an einem Punkt *Z*, dem Symmetriezentrum, auf sich selbst abgebildet wird.

Figur	Symmetriezentrum	Beispiel
Quadrat	Schnittpunkt der Diagonalen	
Parallelogramm	Schnittpunkt der Diagonalen	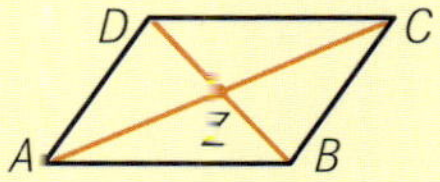
Kreis	Kreismittelpunkt	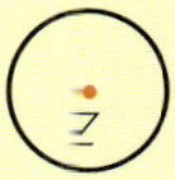

BEISPIEL Punktspiegelung

Als Beispiel wählen wir ein Dreieck *ABC*, das an einem Punkt *Z* gespiegelt werden soll.

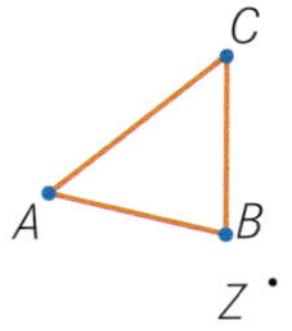

Im **1. Schritt** konstruieren wir Geraden, die jeweils durch *Z* und durch einen der Punkte *A*, *B* und *C* gehen

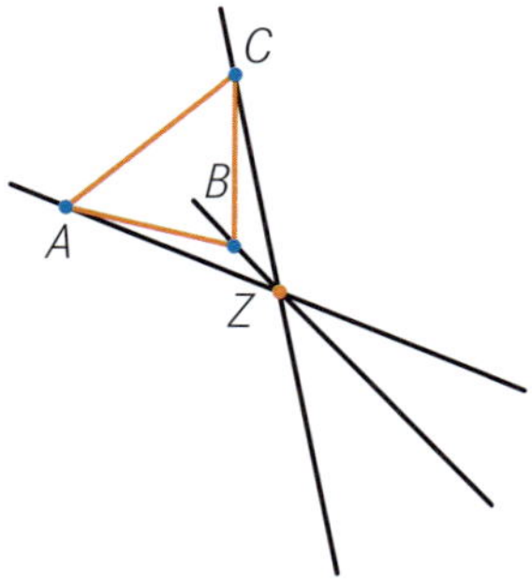

Im **2. Schritt** müssen die Punkte *A*, *B*, *C* so überführt werden, dass die Bildpunkte den gleichen Abstand zu *Z* haben wie die ursprünglichen Punkte. Dazu geht man wie folgt vor:
Wir stechen die Zirkelspitze in *Z* ein, stellen den Abstand zu *A* ein und übertragen den Abstand auf die andere Seite der Geraden durch *AZ*. Wir erhalten *A'*. Gleiches erfolgt mit den Punkten $B \rightarrow B'$, $C \rightarrow C'$.

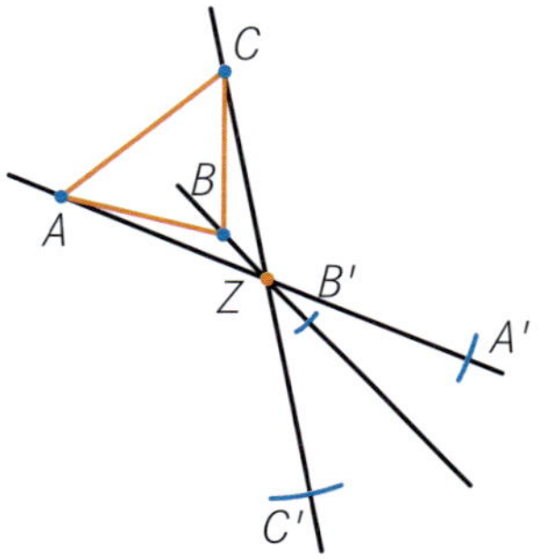

Im **3. Schritt** verbinden wir die Bildpunkte in der Reihenfolge *A'B'C'*.
Hinweis: Das Bild ist punktsymmetrisch zur Ausgangsfigur. Die Orientierung von Punkten und Bildpunkten ist gleich.

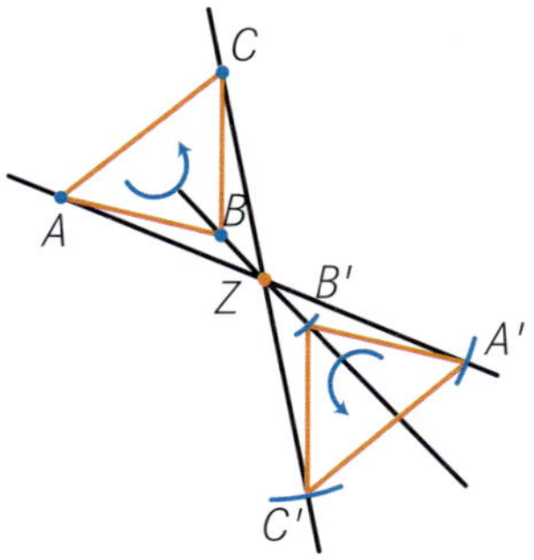

1 **Übertrage die Figuren auf ein Blatt und spiegle sie am Punkt *Z*.**
Ermittle die Bildpunkte durch Abzählen oder mithilfe des Zirkels oder Geodreiecks.

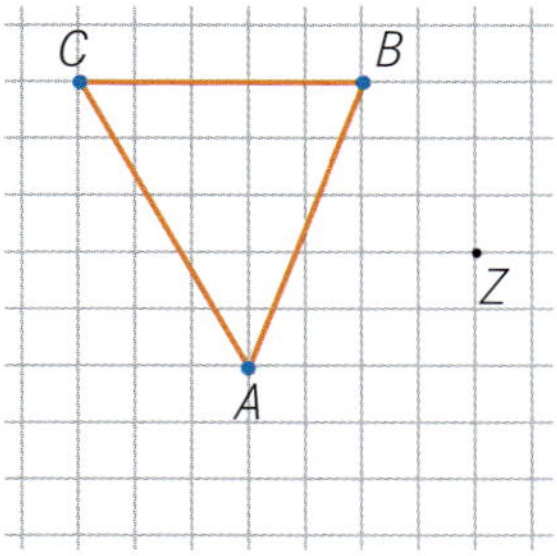

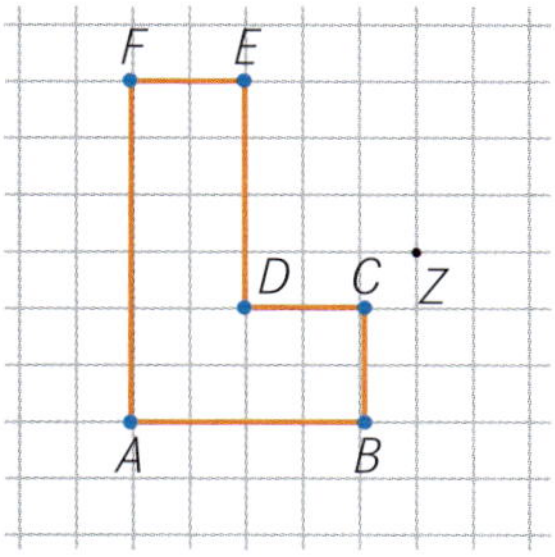

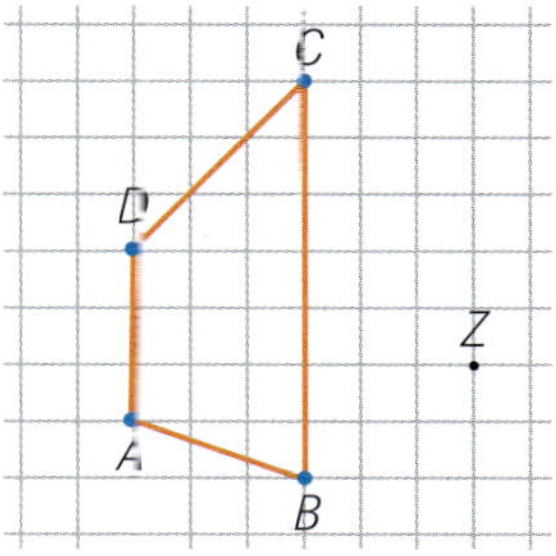

2 **Verfahre wie in Übung 1.**
Beachte: Der Drehpunkt liegt zum Teil in der Figur.

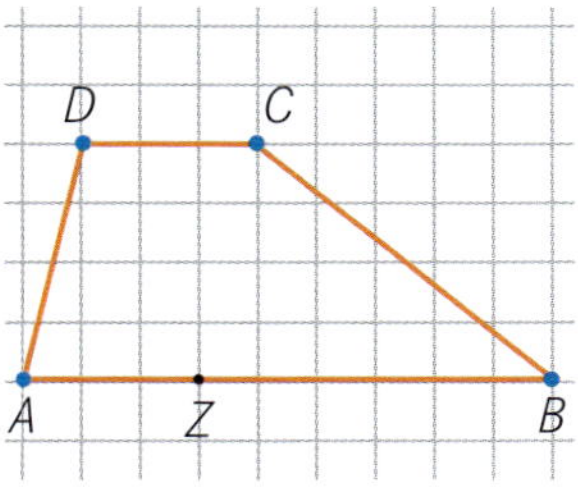

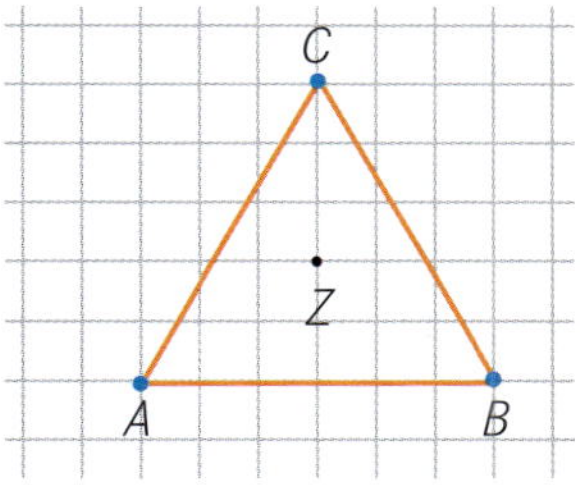

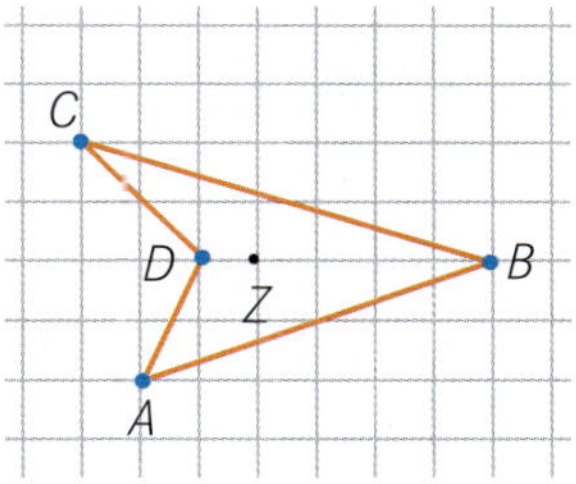

3 **Das Dreieck *ABC* wird durch eine Punktspiegelung auf das Dreieck *A'B'C'* abgebildet.**
Bestimme den Drehpunkt *Z*, an dem diese Spiegelung durchgeführt wird.
Hinweis: Die Gerade durch *A* und *Z* verläuft auch durch *A'*.

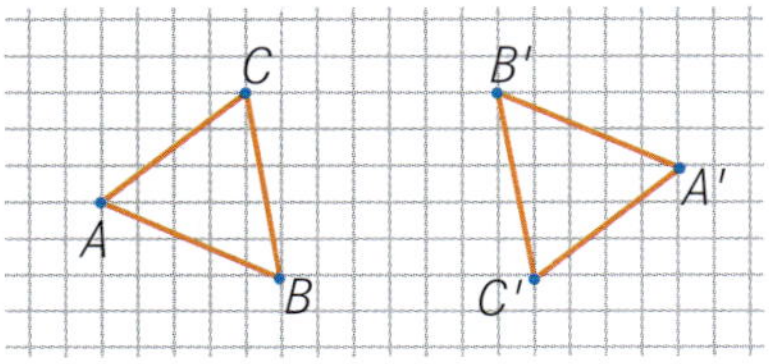

4 Führe folgende Abbildungen durch:

a) Punktspiegelung an *Z*.
b) Zweimal Achsenspiegelung, erst an *g*, dann an *h*.
c) Vergleiche die Bildfiguren und erläutere.

a)
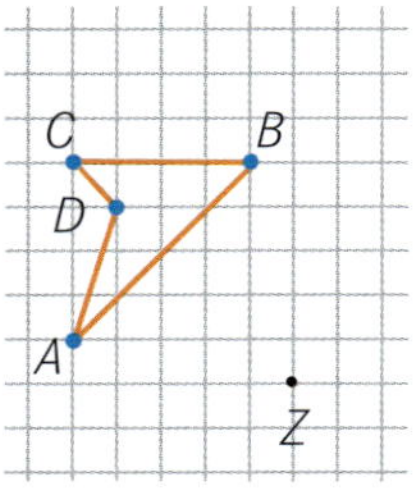

b)
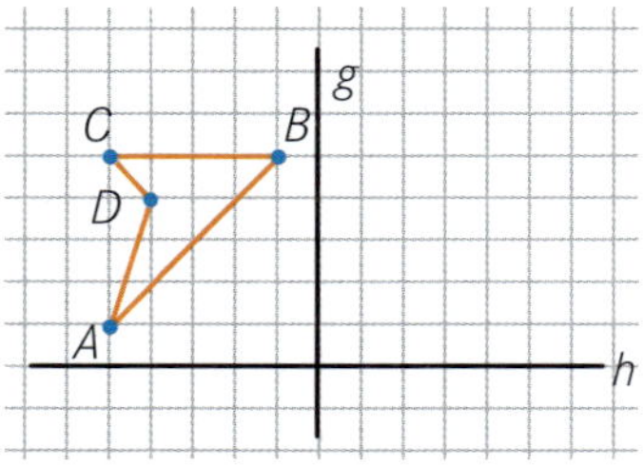

5.3 Drehung und Drehsymmetrie

WAS DU SCHON KÖNNEN MUSST

- ▷ Drehsymmetrie erkennen, Punktsymmetrie als Drehung um 180° verstehen
- ▷ Winkel mit dem Geodreieck abtragen
- ▷ Mit einem Zirkel umgehen
- ▷ Punkte in ein Koordinatensystem zeichnen

DARUM GEHT ES

In diesem Kapitel lernst du, eine geometrische Figur der Ebene um einen Punkt mit einem festgelegten Winkel zu drehen. Wie in den beiden Kapiteln zuvor werden die Eckpunkte der Figur abgebildet und anschließend diese Bildeckpunkte in derselben Reihenfolge der Benennung wie in der ursprünglichen Figur verbunden.

Tipp: Um die folgende Anleitung besser zu verstehen, kannst du die Figuren auf Transparentpapier oder Folie zeichnen und dadurch die Schritte besser nachvollziehen.

BEISPIEL Drehung

Wir wählen ein Dreieck *ABC*, das um einen Punkt *Z* mit dem Drehwinkel 60° (Drehbetrag) nach links gedreht werden soll.

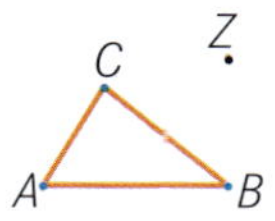

Im **1. Schritt** konstruieren wir Geraden, die jeweils durch *Z* und durch einen der Punkte *A*, *B* und *C* gehen.

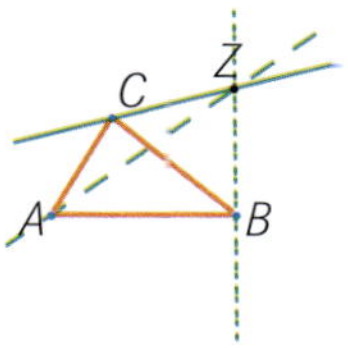

Im **2. Schritt** bilden wir 60°-Winkel zu jeder der Geraden, indem wir gegen den Uhrzeigersinn drehen (Linksdrehung), siehe Skizze rechts.

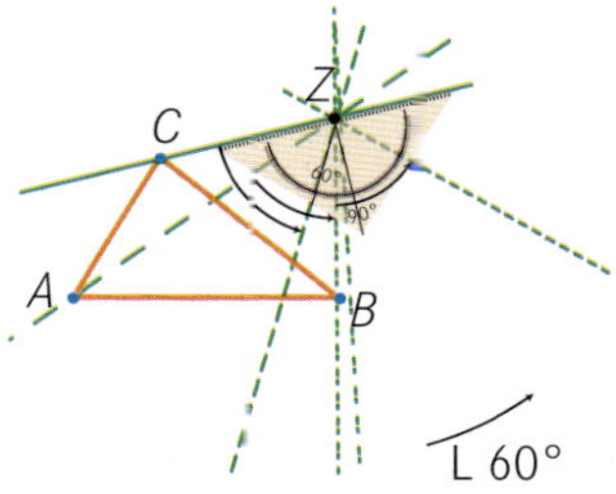

Im **3. Schritt** stechen wir die Zirkelspitze in *Z* ein, stellen den Abstand zu *A* ein und übertragen den Abstand auf die um 60° gedrehte Gerade durch *AZ*. Wir erhalten *A'*. Gleiches erfolgt mit den Punkten *B* → *B'*, *C* → *C'*.

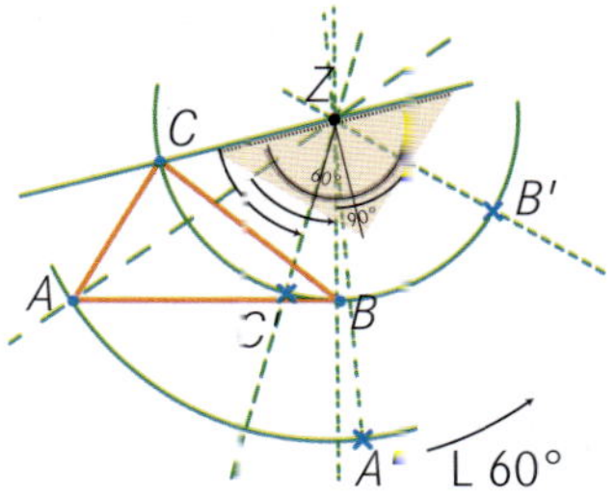

Im **4. Schritt** verbinden wir die Bildpunkte in der Reihenfolge *A'B'C'*.
Hinweis: Das Bild ist drehsymmetrisch zur Ausgangsfigur. Die Orientierung von Punkten und Bildpunkten ist gleich.

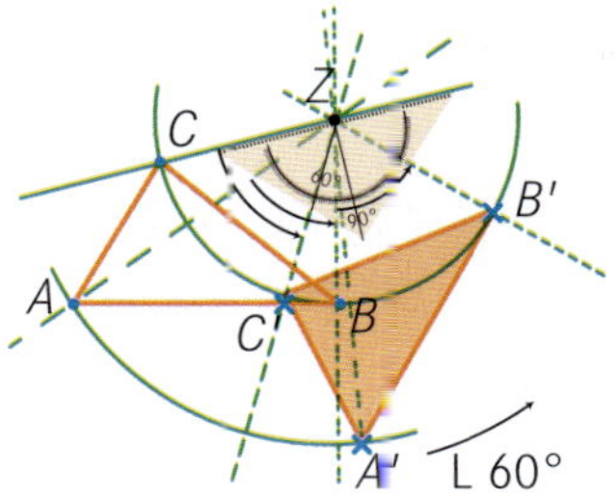

Beachte: Eine spezielle Drehung ist die Drehung um 180°; diese entspricht einer Punktspiegelung.

DAS MUSST DU WISSEN **Linksdrehung – Rechtsdrehung**

Man unterscheidet häufig zwischen Linksdrehung und Rechtsdrehung. Dabei meint „Linksdrehung“ eine Drehung „gegen den Uhrzeigersinn“, eine Rechtsdrehung ist eine Drehung „im Uhrzeigersinn“.
Für eine Linksdrehung um 300° (L 300°) können wir auch eine Rechtsdrehung um 60° (R 60°, nämlich 360° – 300°) durchführen.

1 **Gib zur Rechtsdrehung die Linksdrehung und umgekehrt an.**

a) L 270° b) R 210° c) R 258°
d) L 304° e) L 64,8° f) R 90,25°

2 **Bestimme Drehsinn und Drehbetrag. Miss mit dem Geodreieck, verlängere evtl. die Schenkel.**

a)
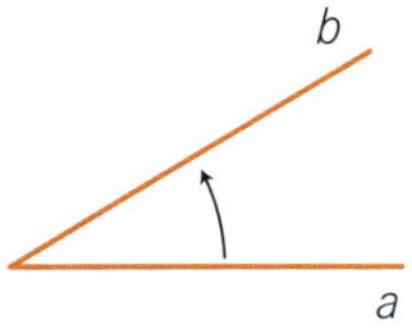

b)
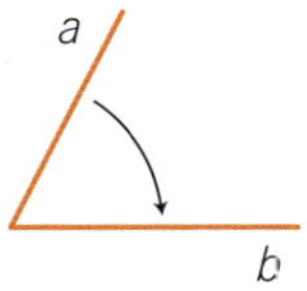

c)
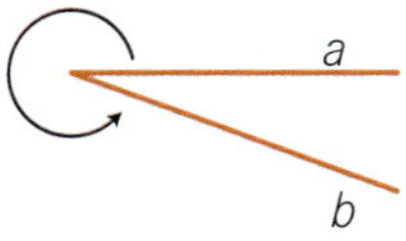

d)
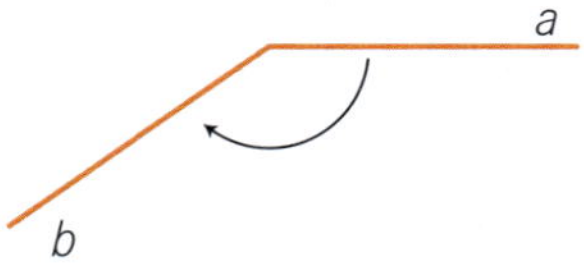

3 **Wie groß ist der kleinste Drehwinkel, um bei einer Drehung um *Z* eine Figur wieder auf sich selbst abzubilden?**

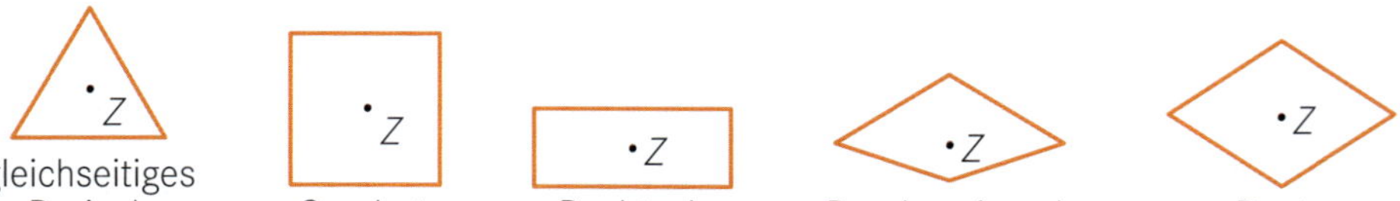

gleichseitiges Dreieck | Quadrat | Rechteck | Drachenviereck | Raute

4 **Drehe ein Dreieck im Koordinatensystem mit *A* (0 | 2), *B* (4 | 1) und *C* (2 | 4) um den Koordinatenursprung mit dem Drehwinkel L 70°.**
(Zeichne die *x*-Achse im Intervall [-5; 5], die *y*-Achse im Intervall [0; 7].)

5 **Erzeuge durch mehrfache Drehung der Vielecke um *Z* drehsymmetrische Figuren.**

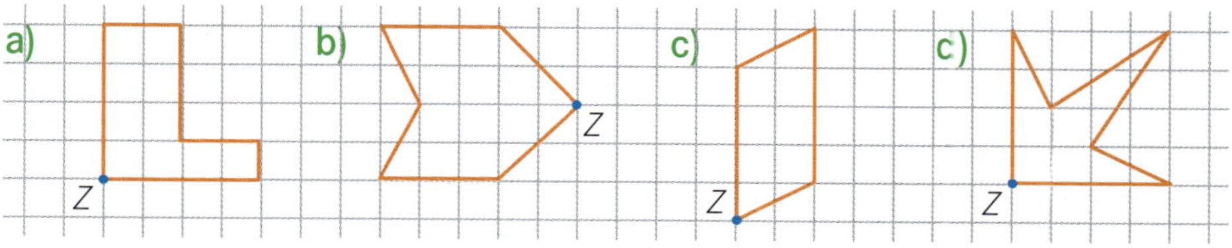

5.4 Kongruente Figuren

WAS DU SCHON KÖNNEN MUSST

- ▷ Achsen-, Punkt- und Drehspiegelung durchführen
- ▷ Mit Geodreieck und Zirkel umgehen
- ▷ Wissen, dass durch die genannten Abbildungen (Achsen-, Punkt- und Drehspiegelung) die Größe und die Form der Figur nicht verändert werden

DARUM GEHT ES

In diesem Kapitel lernst du, kongruente Figuren zu bestimmen. Bei den Abbildungen, die in den drei vorherigen Kapiteln besprochen wurden, sind die Figuren und deren zugehörige Bildfiguren in Form und Größe immer gleich. Sie unterscheiden sich höchstens in ihrer Lage oder der Orientierung ihrer Eckpunkte (Winkelumlaufsinn).

TIPPS UND INFOS **Kongruenzabbildung**

Wenn man Figuren durch eine Abbildung so übereinanderlegen kann, dass sie sich exakt überdecken, sind sie deckungsgleich oder **kongruent zueinander.** Außer der **Achsen- und Punktspiegelung sowie der Drehung** ist auch die **Verschiebung** (vgl. Klasse 5) eine Abbildung, die eine Figur in eine kongruente Figur abbildet. Man nennt diese Abbildungen **Kongruenzabbildungen.**

DAS MUSST DU WISSEN Kongruente Figuren

Zwei Figuren *A* und *B* heißen zueinander kongruent ($A \cong B$), wenn man sie mit einer oder mehreren Kongruenzabbildungen aufeinander abbilden kann.

DAS MUSST DU WISSEN Vielecke miteinander vergleichen

Um zu vergleichen, ob zwei Figuren deckungsgleich sind, kannst du sie ausschneiden und übereinanderlegen. Da dies aber in den meisten Fällen nicht möglich ist, musst du bei Vielecken einander entsprechende Strecken und Winkel miteinander vergleichen.

Beispiel:
Durch Messen stellt man fest:
Länge der Strecken: $a = e$, $b = f$, $c = d$
Größe der Winkel: $\alpha = \varepsilon$, $\beta = \varphi$, $\gamma = \delta$
Also sind die Figuren kongruent.

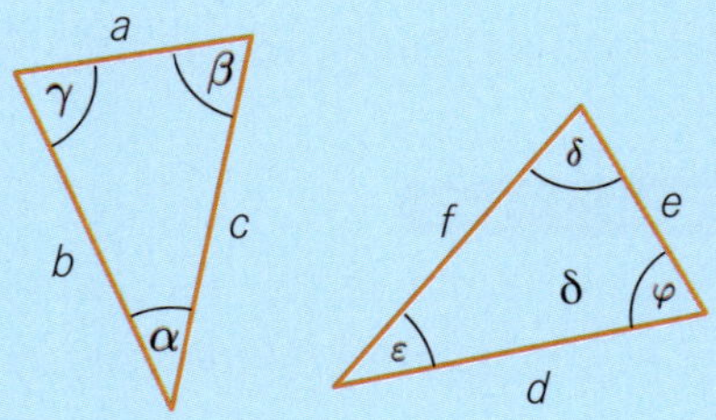

Hinweis: Später lernst du Sätze kennen, mit denen du die Kongruenz bei Dreiecken leichter feststellen kannst.

1 Überprüfe durch Messen von Streckenlängen und Winkelgrößen, ob die durch Verschiebung abgebildeten Dreiecke kongruent zueinander sind.

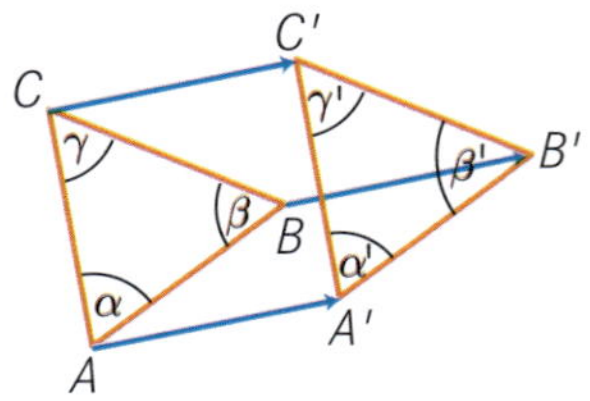

2 **Welche der Figuren sind kongruent zueinander?**
Überprüfe mithilfe von Transparentpapier durch Abzeichnen und Übereinanderlegen.

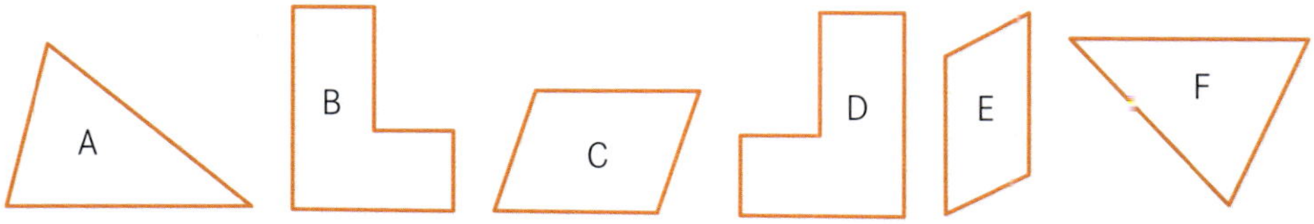

3 **Welche Teilflächen sind kongruent zueinander?**
Gib auch die Art der Abbildung an.

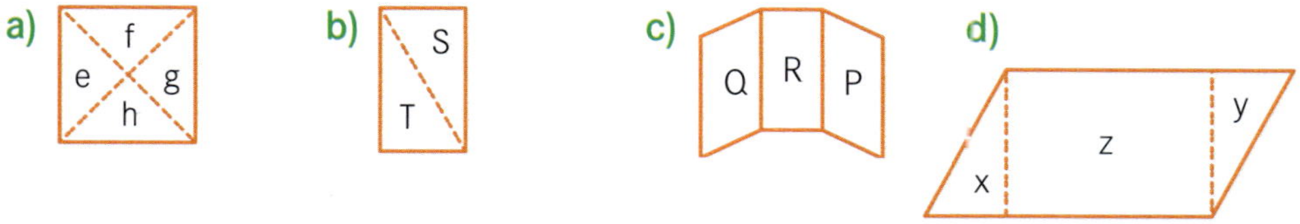

4 **Überprüfe, ob es eine Kongruenzabbildung gibt, die die linke Figur auf die rechte Figur abbildet.**
Gib dazu Drehpunkt, Spiegelachse oder Verschiebungspfeil an.

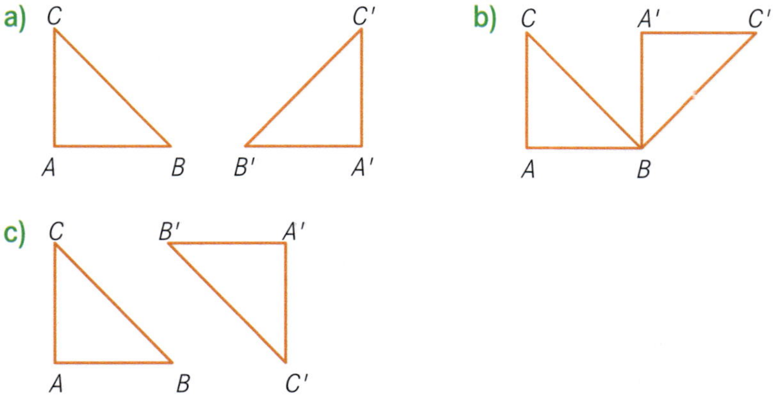

Test

1 **Welche der folgenden Verkehrszeichen sind achsen-, punkt- oder drehsymmetrisch?** |9|

2 **Übertrage die Figuren und führe eine Punktspiegelung an *Z* durch.** |10|

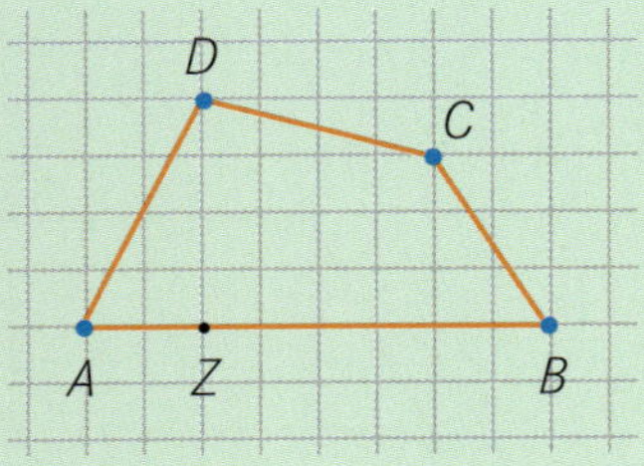

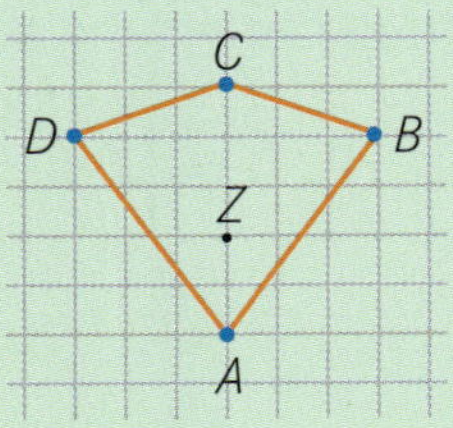

3 **Zeichne ein Koordinatensystem. Trage die Punkte *A* (3 | 3), *B* (5 | 2), *C* (6 | 3) und *D* (5 | 4) ein, verbinde sie in der angegebenen Reihenfolge.** Führe dann folgende Drehungen durch: L 90°, R 180°, L 270°. |10|

4 **Übertrage die Figur und führe eine Linksdrehung um 80° durch. Drehzentrum sei *A*.** |6|

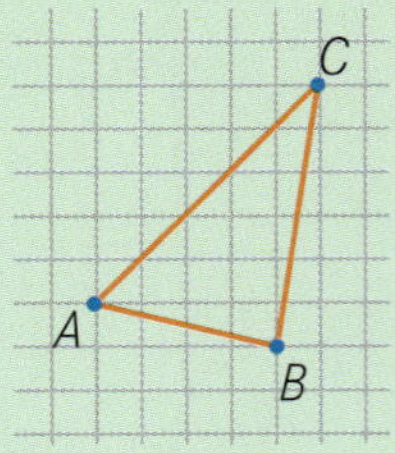

5 **Lege ein Koordinatensystem an (12 cm nach rechts, 12 cm nach oben).**

a) Zeichne das Dreieck mit den Punkten *A* (1 | 8), *B* (8 | 1) und *C* (10 | 6). |3|

b) Zeichne dann die Spiegelachse durch *R* (3 | 3) und *S* (8 | 8). |3|

c) Spiegle das Dreieck *ABC* an der Achse *RS* und gib die Koordinaten der Spiegelpunkte *A'*, *B'* und *C'* an. |4|

|45|

Wie viele Punkte hast du? Erreichst du mehr als 35 Punkte, beherrschst du den Inhalt des Kapitels wirklich gut. Erreichst du weniger als 18 Punkte, dann solltest du dieses Kapitel wiederholen.

6 Flächeninhalt ebener Figuren

6.0 Flächeninhalt ebener Figuren – Vorbemerkung

WAS DU SCHON KÖNNEN MUSST

In Klasse 5 hast du gelernt, wie man den Flächeninhalt von Rechtecken bestimmt. In den folgenden Kapiteln geht es um den Flächeninhalt von Parallelogramm, Dreieck und Trapez. Die Formeln dafür lassen sich auf die Formel zur Berechnung von Rechtecken zurückführen, indem man die Figuren zerlegt.

Der **Flächeninhalt eines Rechtecks** ist gleich dem Produkt zweier benachbarter Seiten:
$A = a \cdot b$.
Hier: $A = 3\,\text{cm} \cdot 2\,\text{cm} = 6\,\text{cm}^2$

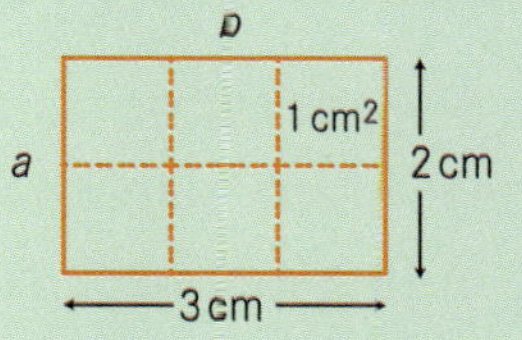

Ein weiterer Begriff, der in diesem Kapitel benötigt wird, ist der Begriff der Höhe. Die **Höhe** in einem Dreieck oder einem Viereck ist eine Strecke, die senkrecht auf einer Seite steht und durch einen gegenüberliegenden Punkt verläuft.

BEISPIEL Höhe ebener Figuren

Rechteck:

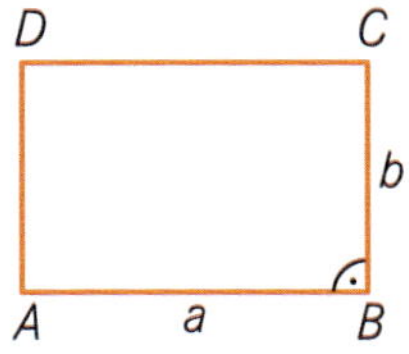

Hier ist die Seite b auch gleichzeitig die Höhe h auf a.

Dreieck:

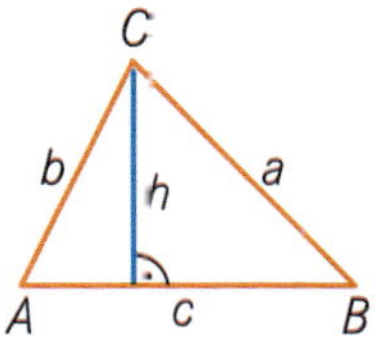

In dieser Skizze ist die Höhe h auf c gegeben.

Parallelogramm:

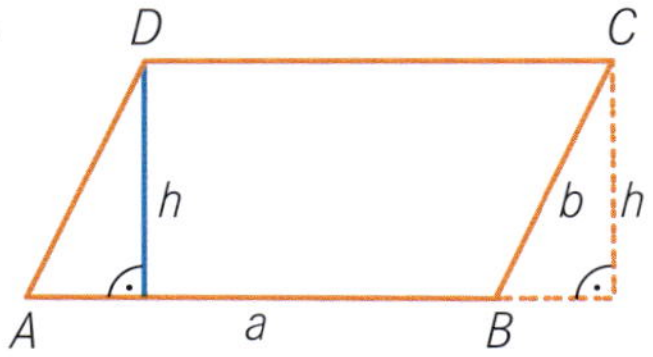

Eingezeichnet ist die Höhe h auf a, und zwar durch D und C.

Trapez:

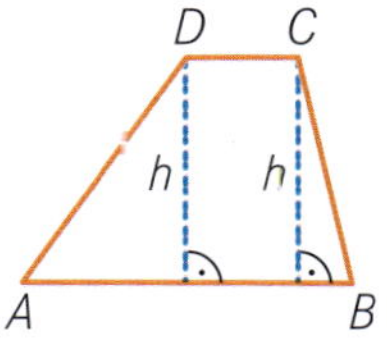

Hier ist die Höhe h auf $\overline{AB}$ eingezeichnet.

Manchmal muss man die Grundseite „in Gedanken“ verlängern, um die Höhe zu ermitteln. Die **Höhe wird** dann **bis zur senkrechten Verlängerung gemessen,** die Grundseite wird in ihrer ursprünglichen Länge gemessen (vgl. Skizze Parallelogramm S. 99).

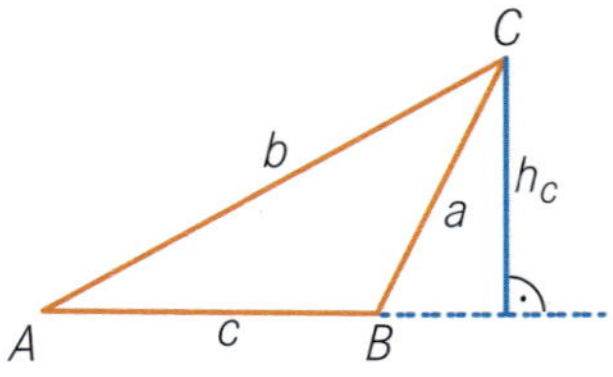

Im Beispiel rechts sind alle möglichen Höhen, nämlich h_a, h_b und h_c in einem Dreieck gezeichnet.

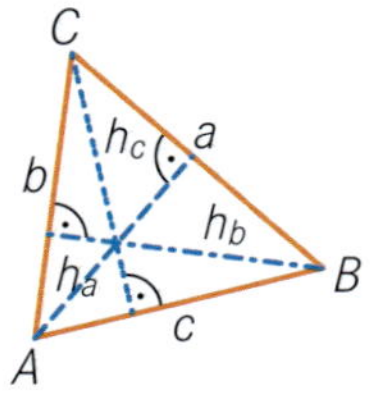

6.1 Flächeninhalt beim Parallelogramm

WAS DU SCHON KÖNNEN MUSST

- Den Flächeninhalt von Rechtecken bestimmen
- Längen- und Flächenmaßeinheiten kennen und umwandeln
- Wissen, dass beim Rechnen mit Einheiten in einer Rechnung nur eine Art von Einheit vorkommen darf (Eventuell muss man also umformen.)
- Seitenparallele Vielecke in Rechtecke zerlegen
- Wissen, dass bei einem Parallelogramm jeweils zwei gegenüberliegende Seiten parallel und gleich lang sind

DARUM GEHT ES

In diesem Kapitel lernst du, den Flächeninhalt eines Parallelogramms zu bestimmen.

DAS MUSST DU WISSEN | **Flächeninhalt eines Parallelogramms**

Man zerlegt das Parallelogramm so, dass ein Recheck entsteht und von diesem berechnet man dann den Flächeninhalt.
Skizze eines Parallelogramms:

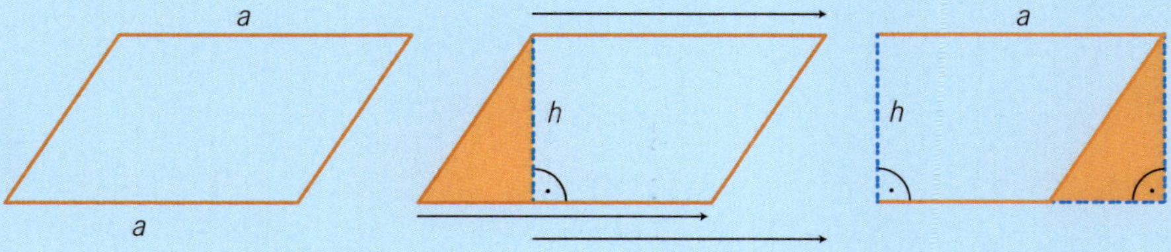

Man ermittelt durch Messen oder Ablesen z. B. die eingezeichnete Höhe h. Da im Parallelogramm gegenüberliegende Seiten parallel sind, kann man das entstandene getönte Dreieck so verschieben, dass es an der rechten Seite des Parallelogramms anschließt und wir somit ein flächengleiches Rechteck gebildet haben.
Der Flächeninhalt dieses Rechtecks ergibt sich aus dem Produkt von Grundseite und zugehöriger Höhe, also gilt auch:
$A_{\text{Parallelogramm}}$ = Grundseite · Höhe.

Es spielt keine Rolle, ob man die Seite a und die Höhe auf a oder die Seite b und die Höhe auf b wählt.
Es gilt entweder $A_P = a \cdot h_a$ oder $A_P = b \cdot h_b$.
Man wählt vorzugsweise die Strecken, die sich am besten ablesen lassen.

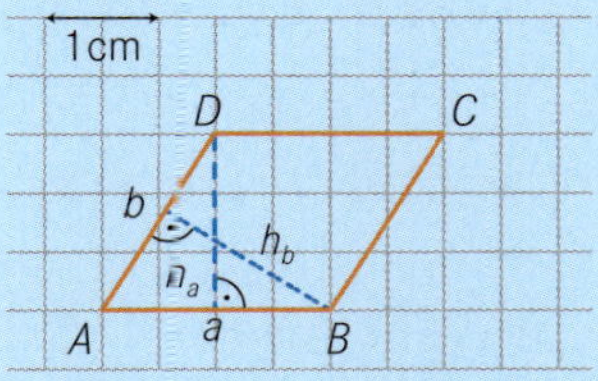

Beispiel: $a = 2\,\text{cm}$, $h_a = 1{,}5\,\text{cm}$, somit $A = 2\,\text{cm} \cdot 1{,}5\,\text{cm} = 3\,\text{cm}^2$.

Merke: Für den Flächeninhalt A eines Parallelogramms gilt $\boldsymbol{A = g \cdot h}$.

1 **Bestimme den Flächeninhalt durch Ablesen der Länge von Seite und Höhe.**

a)
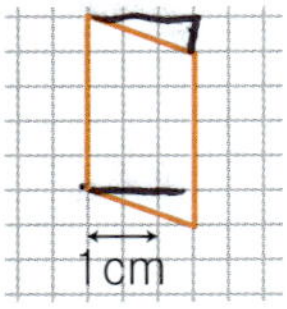

b)
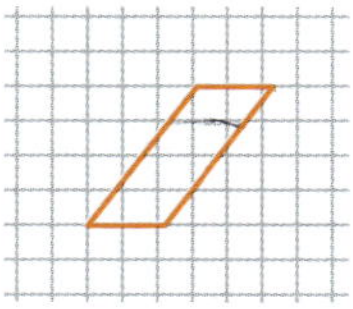

c)
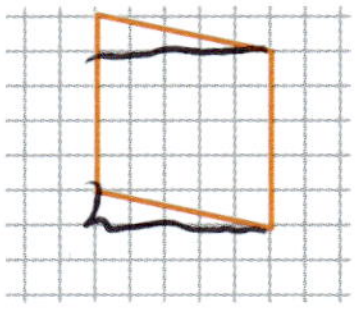

d)
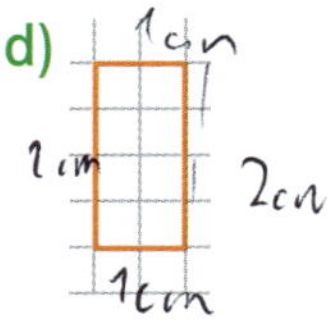

e)
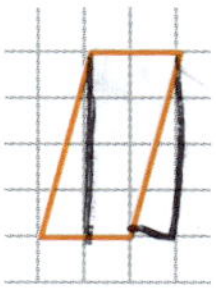

f)
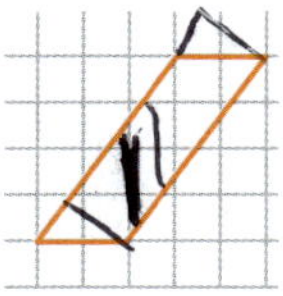

2 **Zeichne das Parallelogramm *ABCD* in ein Koordinatensystem (eine Einheit ≙ 1 cm) und berechne dann dessen Flächeninhalt.**

a) $A(3\,|\,2)$ $B(7\,|\,2)$ $C(6\,|\,6)$ $D(2\,|\,6)$
b) $A(-5\,|\,-2)$ $B(-2\,|\,-2)$ $C(0\,|\,3)$ $D(-3\,|\,3)$
c) $A(6{,}2\,|\,3{,}5)$ $B(8{,}9\,|\,3{,}5)$ $C(7{,}5\,|\,8{,}2)$ $D(4{,}8\,|\,8{,}2)$

3 **Berechne die fehlende Größe im Parallelogramm.**
Wandle evtl. Einheiten um!

Parallelogramm	a)	b)	c)	d)
Seitenlänge *g*	8,5 m	5,2 cm		250 cm
Höhe auf *g*		29 mm	200 dm	
Flächeninhalt *A*	26,35 m^2		400 a	1,875 m^2

4 **Familie Schneider will die seitlichen Wände ihres Treppenaufgangs tapezieren.**
Es soll nur der reine Quadratmeterpreis berechnet werden.
$1\,m^2$ kostet mit allen anfallenden Arbeiten bei einer Malerfirma 76,25 €. Wie viel muss Familie Schneider bezahlen?
Ein anderer Maler berechnet die schräge Fläche wie ein Rechteck vom Boden bis zur Decke, berechnet aber nur 50 € pro m^2. Beurteile, was günstiger ist.

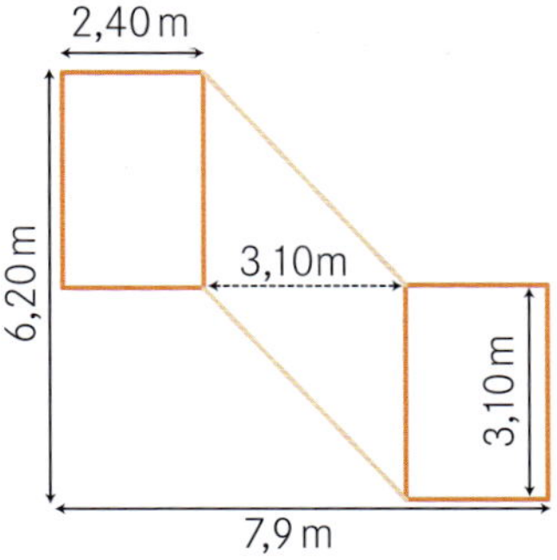

5 **Gegeben ist das mittlere Rechteck mit den Seitenlängen a = 4 cm und b = 3 cm.**
Gegenüberliegende Seiten werden in jeweils gegensätzlicher Richtung verdoppelt und dann mit einem Eckpunkt verbunden.
Wie groß ist der Flächeninhalt der Figur?

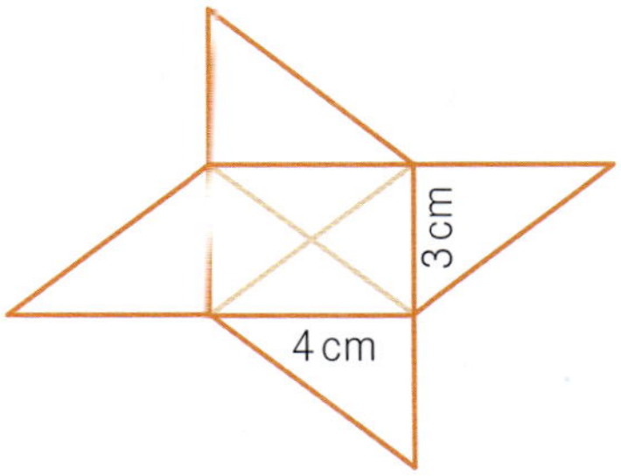

6.2 Flächeninhalt beim Dreieck

WAS DU SCHON KÖNNEN MUSST

▷ Den Flächeninhalt von Rechtecken bestimmen
▷ Längen- und Flächenmaßeinheiten kennen und umwande n
▷ Vielecke in Dreiecke zerlegen
▷ Die Höhenlinien im Dreieck einzeichnen
▷ Wissen, was Kongruenzabbildungen sind

DARUM GEHT ES

In diesem Kapitel lernst du, den Flächeninhalt eines Dreiecks zu bestimmen.

DAS MUSST DU WISSEN | **Flächeninhalt eines Dreiecks**

Wir zerlegen die Figur dieses Mal nicht, sondern wir ergänzen sie zu einer Figur, deren Flächeninhaltsformel wir kennen. Wir bilden das Dreieck durch eine Punktspiegelung so ab, dass ein Parallelogramm entsteht. Da die beiden Dreiecke kongruent sind, ist der Flächeninhalt dieses Parallelogramms nun doppelt so groß wie der des Dreiecks.
Die Skizze verdeutlicht dies:

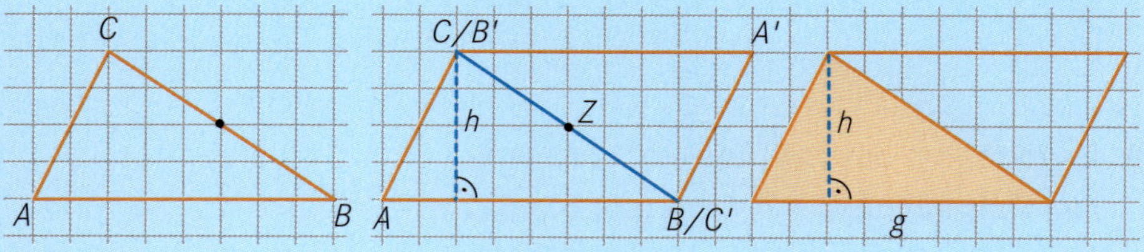

Das Parallelogramm hat den Flächeninhalt $A = g \cdot h$. Um den Flächeninhalt des ursprünglichen Dreiecks zu erhalten, müssen wir nur durch 2 dividieren.
Also gilt für den Flächeninhalt des Dreieck: $A_{\text{Dreieck}} = \frac{g \cdot h}{2} = \frac{1}{2} \cdot g \cdot h$.
Insgesamt gibt es beim Dreieck drei Höhenlinien. Wir wählen diejenige Höhe, bei der wir Grundseite und Höhe am besten ablesen bzw. messen können.

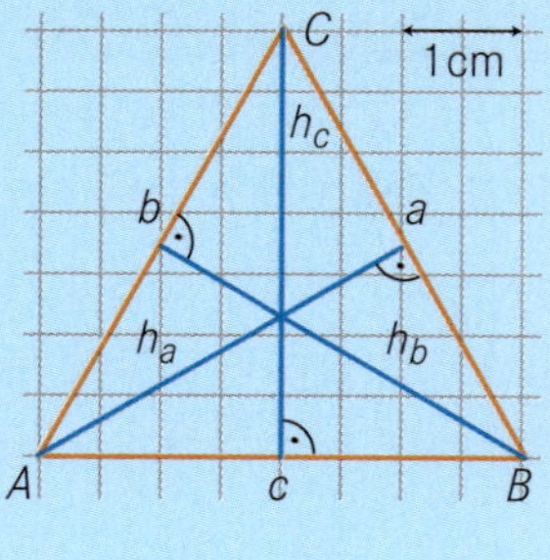

Beispiel: Am einfachsten kann man in der Skizze die Länge der Seite c und die zugehörige Höhe h_c ablesen.
Dennoch gilt:
$\boldsymbol{A = \frac{1}{2} \cdot c \cdot h_c = \frac{1}{2} \cdot a \cdot h_a = \frac{1}{2} \cdot b \cdot h_b}$.
Hier: $c = 4\,\text{cm}$, $h_c = 3{,}5\,\text{cm}$,
somit $A = \frac{1}{2} \cdot 4\,\text{cm} \cdot \frac{7}{2}\,\text{cm} = 7\,\text{cm}^2$.

Merke: Für den Flächeninhalt A eines Dreiecks gilt $\boldsymbol{A = \frac{1}{2} \cdot g \cdot h}$.

1 **Bestimme den Flächeninhalt durch Ablesen der Länge von Seite und Höhe. (1 Kästchen ≙ 1 cm)**

a) 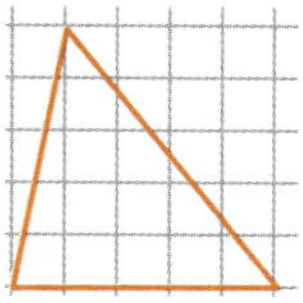

b) 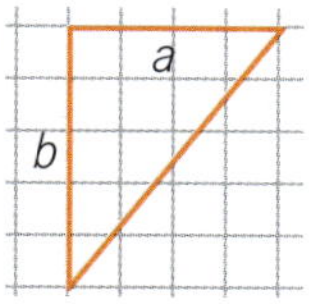

c) 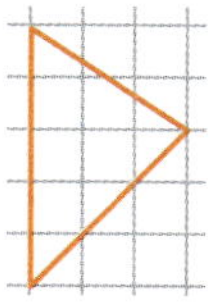

d) 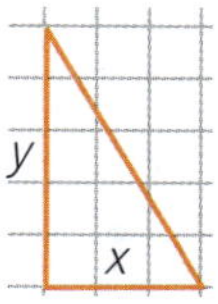

e) Begründe, warum man in b) und d) sofort sagen kann, dass für die Flächeninhalte gilt: $A_b = \frac{1}{2}ab$ bzw. $A_d = \frac{1}{2}xy$.

2 **Zeichne das Dreieck *ABC* in ein Koordinatensystem (eine Einheit ≙ 1 cm) und berechne dann dessen Flächeninhalt (ohne zu messen).**

a) $A(0\,|\,0)$ $B(3{,}5\,|\,0)$ $C(2{,}5\,|\,2{,}5)$
b) $A(1{,}6\,|\,0{,}7)$ $B(4{,}6\,|\,0{,}7)$ $C(3{,}5\,|\,3{,}7)$
c) $A(1\,|\,-2)$ $B(1\,|\,2)$ $C(-2\,|\,-1)$

3 **Berechne die fehlende Größe im Dreieck. Beachte die Einheiten.**

Dreieck	a)	b)	c)	d)
Seitenlänge g	4,5 cm		24 cm	250 mm
Höhe auf g	1,7 cm	2 cm		1,2 dm
Flächeninhalt A		2,25 cm²	4,32 dm²	

4 **Zeichne drei verschiedene Dreiecke, die alle den Flächeninhalt 18 cm² haben.**

5 **Berechne den Flächeninhalt der Vielecke, indem du in bekannte Teilflächen zerlegst.**

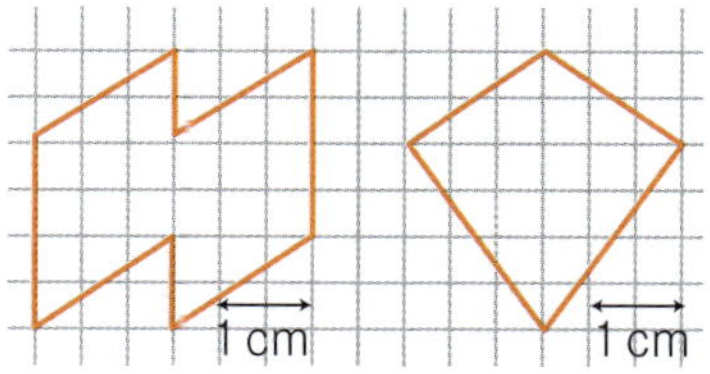

6 Berechne den Flächeninhalt.
Hinweis: Manchmal lässt sich der Flächeninhalt von Vielecken leichter berechnen, wenn man ein Rechteck umbeschreibt und Dreiecksflächen subtrahiert.

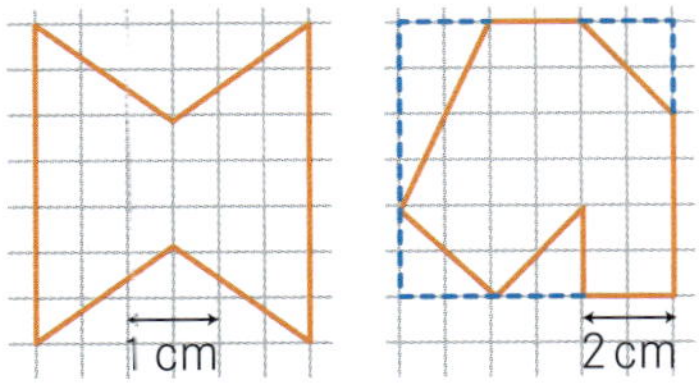

6.3 Flächeninhalt beim Trapez

WAS DU SCHON KÖNNEN MUSST

- ▷ Den Flächeninhalt von Rechtecken bestimmen
- ▷ Längen- und Flächenmaßeinheiten kennen und umwandeln
- ▷ Flächeninhaltsformel für Parallelogramm und Dreieck kennen
- ▷ Höhen angeben
- ▷ Wissen, was Kongruenzabbildungen sind

DAS MUSST DU WISSEN | **Flächeninhalt eines Trapezes**

Du weißt, dass ein Trapez ein Viereck ist, bei dem mindestens zwei gegenüberliegende Seiten zueinander parallel sind.
Bestimmt werden soll nun der Flächeninhalt eines Trapezes. Wie bei der Erklärung des Flächeninhalts für Dreiecke, ergänzen wir auch hier zu einer Figur, deren Flächeninhaltsformel wir kennen. Wir bilden das Trapez durch eine Punktspiegelung so ab, dass ein Parallelogramm entsteht. Der Flächeninhalt dieses Parallelogramms ist damit wieder doppelt so groß wie der der ursprünglichen Figur, des Trapezes.
Die Skizze verdeutlich dies:

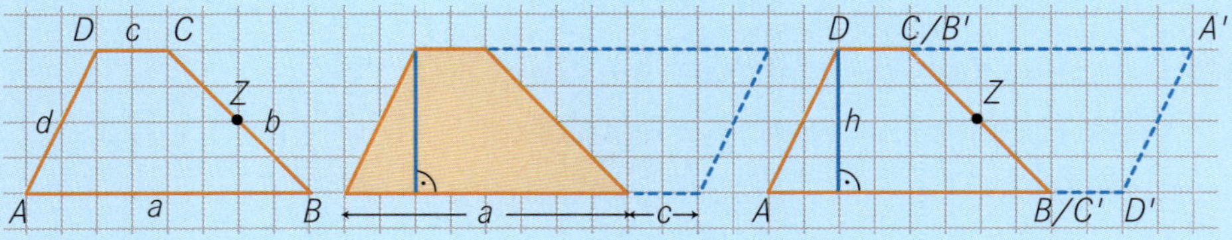

Das Parallelogramm hat den Flächeninhalt $A = (a + c) \cdot h$. Um den Flächeninhalt des ursprünglichen Trapezes zu erhalten, müssen wir nur durch 2 dividieren. Also gilt für den Flächeninhalt des Trapezes:

$$A_{\text{Trapez}} = \frac{(a + c) \cdot h}{2} = \frac{1}{2} \cdot (a + c) \cdot h.$$

Beachte: a und c sind die beiden gegenüberliegenden parallelen Seiten.
Merke: Für den Flächeninhalt A eines Trapezes gilt $\boldsymbol{A = \frac{1}{2} \cdot (a + c) \cdot h}$.

1 **Bestimme den Flächeninhalt durch Ablesen der benötigten Längen.**

a)
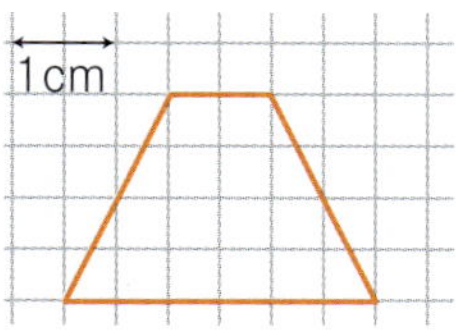

b)
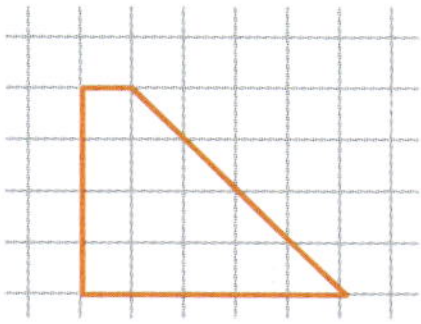

c)
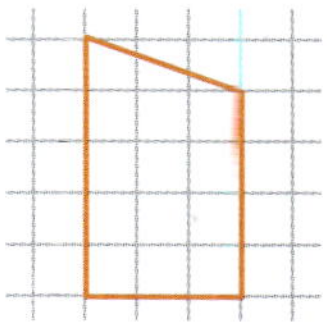

2 **Zeichne das Trapez *ABCD* in ein Koordinatensystem (eine Einheit: 1cm) und berechne dann dessen Flächeninhalt (ohne zu messen).**

a) $A(1\,|\,2)$ $B(8\,|\,2)$ $C(7\,|\,7)$ $D(4\,|\,7)$
b) $A(-1\,|\,-1)$ $B(2\,|\,0)$ $C(2\,|\,4)$ $D(-1\,|\,5)$
c) $A(0{,}75\,|\,0)$ $B(6{,}25\,|\,0)$ $C(5{,}5\,|\,4{,}4)$ $D(1{,}1\,|\,4{,}4)$

3 **Berechne die fehlende Größe im Trapez.**

Trapez	a)	b)*	c)	d)*
Seitenlänge a	7,5 cm	4 m	24 mm	
Seitenlänge c	3,5 cm		5,5 cm	7 dm
Höhe h	5 cm	2,5 m		5 dm
Flächeninhalt A		7,5 m^2	553 mm^2	0,25 m^2

* *für „Fortgeschrittene“*

4 Das zweigeteilte Fenster einer Dachgaupe soll neu gemacht werden.
Wie groß ist der Flächeninhalt der beiden zugeschnittenen Glasscheiben? Die Höhe *h* ist bei beiden Flächenstücken gleich groß: $h = 40$ cm, gegenüberliegende parallele Seiten der unteren Fläche betragen 1 m und 5 dm.

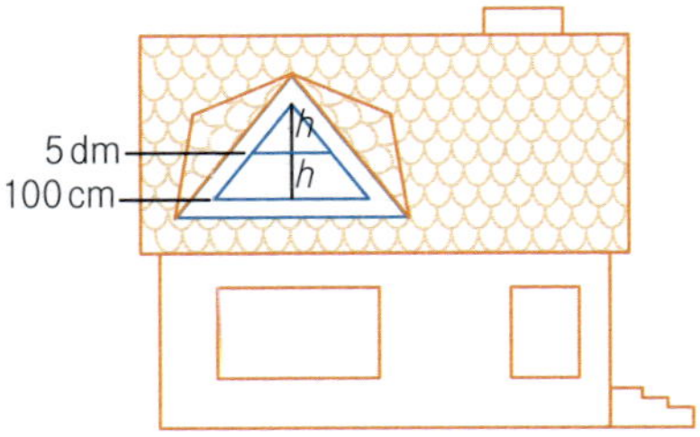

Test

1 Prüfe, welche Figuren zerlegungsgleich sind und deshalb denselben Flächeninhalt haben. |6|

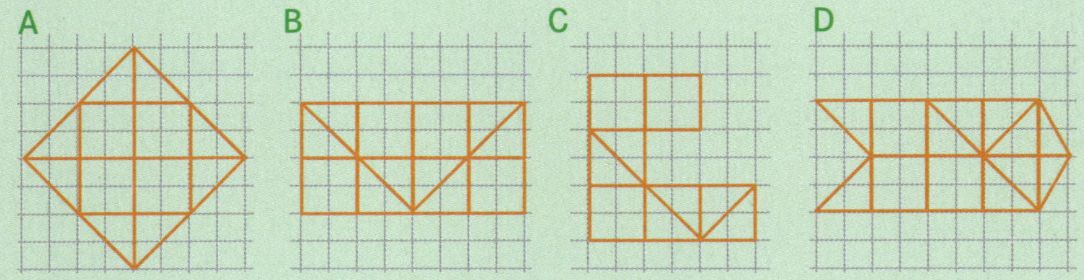

2 Berechne jeweils die fehlende Größe

a) im Parallelogramm: $a = 4{,}5$ cm; $A = 33{,}75$ cm^2; Höhe h_a = ? |4|
b) im Dreieck: $g = 2{,}1$ m; $h_g = 1{,}6$ m; A = ? |3|
c) im Trapez: $a = 3{,}2$ cm; $c = 46$ mm; $A = 5{,}46$ cm^2; h = ? |5|

3 Wie viel Prozent der Trapezfläche nehmen die beiden Dreiecke aus der Figur zusammen ein? |6|

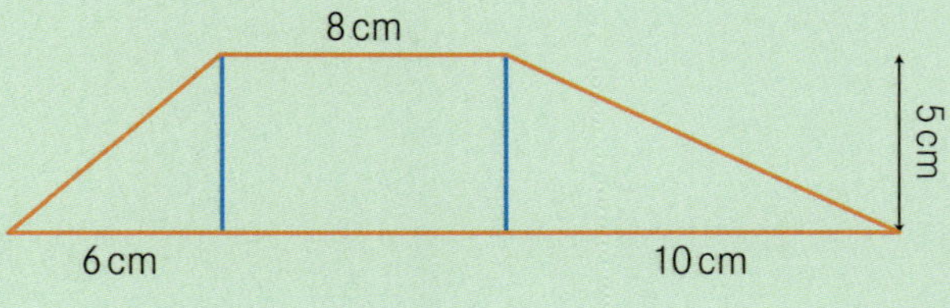

4 Berechne den Flächeninhalt der Trapeze. |8|

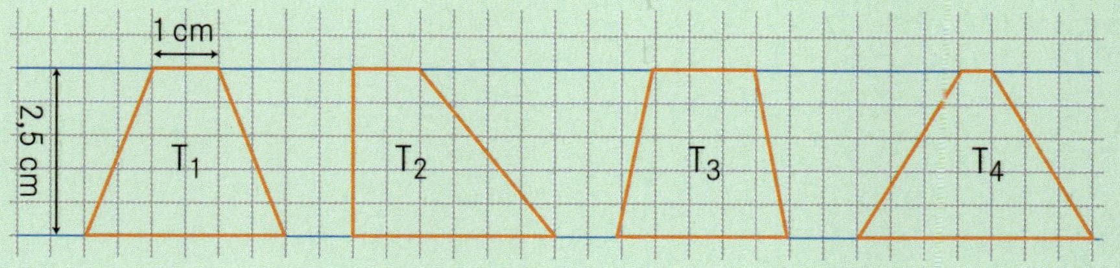

5 Bestimme den Flächeninhalt des Drachens. |5|

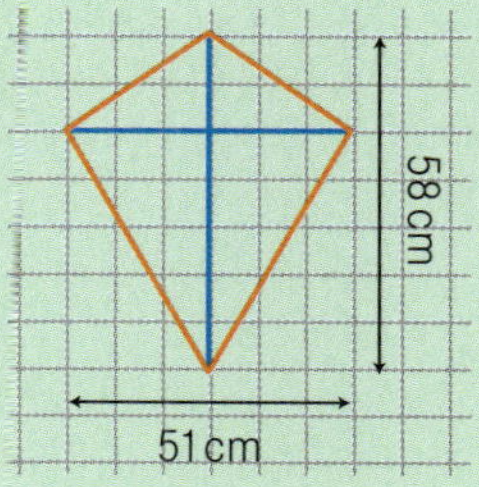

6 Bestimme den Flächeninhalt des Vielecks im Gitternetz. |5|

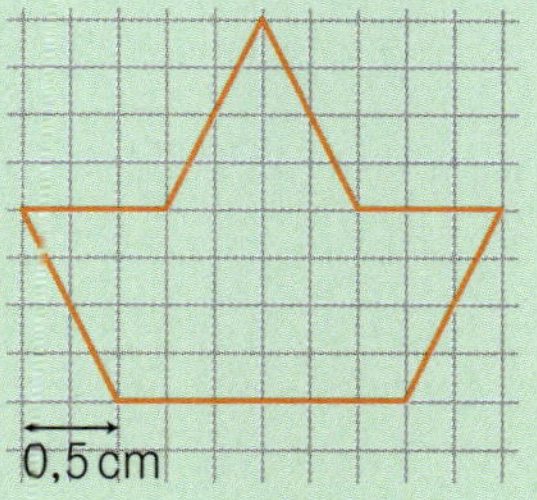

7 Bestimme die Flächeninhalte der Vierecke *ABCD* und *AEBD*. |8|

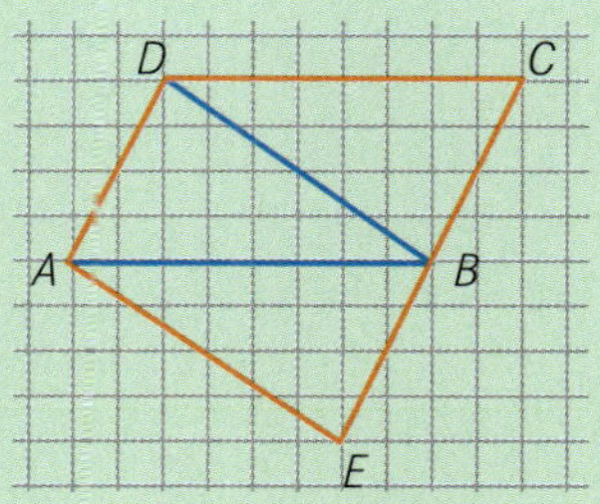

|50|

Wie viele Punkte hast du? Erreichst du mehr als 39 Punkte, beherrschst du den Inhalt des Kapitels wirklich gut. Erreichst du weniger als 20 Punkte, dann solltest du dieses Kapitel wiederholen.

Stichwortverzeichnis

abbrechende Dezimalzahlen 42 ff.
Achsenspiegelung und
  Achsensymmetrie 86 ff.
addieren
  Brüche 9 ff.
  Dezimalzahlen 34 ff.
  rationaler Zahlen 57 ff.
Anteil, Definition 73 ff.
Assoziativgesetz, rationale Zahlen 69 f.

Betrag, rationaler Zahlen 54 ff.
Bildfigur, Definition 86
Brüche 6 ff.
  addieren und subtrahieren 9 ff.
  Definition 6
  dividieren durch Bruchzahl 20
  erweitern und kürzen 7 ff.
  multiplizieren mit Bruchzahl 17 ff.
  Rechengesetze 22 ff.
Bruchstrich 6
Bruchteil, Definition 73 ff.
Bruchzahlen
  Brüche dividieren 20
  multiplizieren mit Bruch 17 ff.
  multiplizieren und dividieren mit natürlicher Zahl 15 ff.
  negative 52

Deckungsgleichheit siehe Kongruenz
Dezimalbruch 6
Dezimalzahlen 28 ff.
  abbrechende und periodische 42 ff.
  addieren und subtrahieren 34 ff.
  Definition 6
  dividieren 39 ff.
  multiplizieren 36 ff.
  ordnen, vergleichen und runden 31 ff.
Diagramme, Prozentrechnung 81 ff.
Distributivgesetz, rationale Zahlen 70
Dividend 20
dividieren
  Brüche durch Bruchzahl 20
  Bruchzahlen durch natürliche Zahl 15 ff.
  Dezimalzahlen 39 ff.
  rationaler Zahlen 66 ff.
  Rolle des Vorzeichens 67 f.
Division siehe dividieren
Divisor 20
Doppelbrüche 21
Drehpunkt, Definition 89
Drehung und Drehsymmetrie 92 ff.
Dreieck, Flächeninhalt 99, 103 ff.

echter Bruch 6
Erhöhung, prozentuale 78 ff.
erweitern und kürzen, Brüche 7 ff.

Figuren
  gespiegelte 85 ff.
  kongruente 95 ff.
Flächeneinheiten, Umwandlungszahl 35
Flächeninhalt ebener Figuren 99 ff.

Ganzes, Definition 73 ff.
gemischte Zahlen 12 ff.
  Multiplikation mit Bruch 19
  Umformung 12
Grundrechenarten, Verbindung der 69 ff.
Grundwert 75 ff.
  Definition 73

KlaPoPuStri (Merkregel) 23
Kommazahlen 6
  Definition 28
Kommutativgesetz, rationale Zahlen 69 f.
kongruente Figuren 95 ff.
Kongruenz, Definition 95 f.
Kreisdiagramm, Prozentrechnung 81 f.
kürzen und erweitern, Brüche 7 ff.

Längeneinheiten, Umwandlungszahl 35
Linksdrehung, Definition 94

Minuszeichen, Bedeutung 55
multiplizieren
  Brüche mit Bruchzahlen 17 ff.
  Bruchzahlen mit natürlicher Zahl 15 ff.
  Dezimalzahlen 36 ff.

rationaler Zahlen 63 ff.
Rolle des Vorzeichens 64 f.

Nachkommastellen
echte Brüche 29
Runden von Dezimalzahlen 31
natürliche Zahlen 6
Bruchzahlen multiplizieren mit 15 ff.
negative Zahlen, Brüche 52
Nenner 6

Operationszeichen, minus und plus 55

Parallelogramm, Flächeninhalt 99 ff.
periodische Dezimalzahlen 42 ff.
Pluszeichen, Bedeutung 55
Prozentrechnung 73 ff.
Darstellung in Diagrammen 81 ff.
Prozentsatz 75 ff.
Definition 73
prozentuale Erhöhung 78 ff.
prozentuale Verminderung 78 ff.
Prozentwert 75 ff.
Punktspiegelung und Punktsymmetrie 89 ff.

Quotient 20

rationale Zahlen 51 ff.
addieren 57 ff.
Betrag 54 ff.
dividieren 66 ff.
multiplizieren 63 ff.
Rechengesetze 69 ff.
subtrahieren 60 ff.
Rauminhalte, Umwandlungszahl 35
Rechenausdrücke siehe Terme
Rechengesetze
Brüche 22 ff.
rationale Zahlen 69 ff.
Rechenzeichen, minus und plus 55
Rechteck, Flächeninhalt 99
Rechtsdrehung, Definition 94
Reihenfolge von Berechnungen 22
Runden, Dezimalzahlen 31 ff.

Scheinbruch 6
Spiegelachse, symmetrische Abbildung 85 ff.
Spiegelungspunkt siehe Drehpunkt
Stammbruch 6
Stellen, nach Komma 29
subtrahieren
Brüche 9 ff.
Dezimalzahlen 34 ff.
rationale Zahlen 60 ff.
Rolle des Vorzeichens 60 f.
Symmetrien und Abbildungen 85 ff.

Terme
Berechnung 69 ff.
Bruchrechnung 22 ff.
Dezimalzahlen 44 ff.
Trapez, Flächeninhalt 99, 106 ff.

unechter Bruch 6
Umformung 12

Verbindungsgesetz siehe Assoziativgesetz
Verminderung, prozentuale 78 ff.
Verschiebung, kongruente Figuren 95
Vertauschungsgesetz siehe Kommutativgesetz
Verteilungsgesetz siehe Distributivgesetz
Vorzeichen
beim Dividieren 67 f.
beim Multiplizieren 63 f.
beim Subtrahieren 60 f.
Definition 55

Winkelumlaufsinn 95

Zahlen
Brüche siehe Bruchzahlen
gemischte 12 ff.
natürliche siehe natürliche Zahlen
negative 52
rationale siehe rationale Zahlen
Zahlengerade 51 ff.
Zahlenstrahl 51 ff.
Zähler 6
Zehnerbrüche 6, 28 ff.

Bedeutung	Bezeichnung in diesem Buch	abweichende Bezeichnungen in anderen Büchern
Menge der natürlichen Zahlen	$\mathbb{N}_0 = \{0; 1; 2; 3; ...\}$	$\mathbb{N}$
Menge der ganzen Zahlen	$\mathbb{Z} = \{... -2; -1; 0; 1; 2; ...\}$	
kleinstes gemeinsames Vielfaches der Zahlen z. B. 6 und 9	kgV (6; 9)	
Millionen	Mio.	
Längeneinheiten Millimeter, Zentimeter, Meter, Kilometer	mm, cm, m, km	
Flächeneinheiten Quadratmeter, Ar, Hektar, Quadratkilometer	m^2, a, ha, km^2	
Temperatureinheit Grad Celsius	°C	
Masseneinheiten Gramm, Kilogramm, Tonne	g, kg, t	
Rauminhalt: Einheiten Kubikzentimeter, Kubikdezimeter, Liter, Hektoliter	cm^3, dm^3, l, hl	
periodische Zahl (z. B. 0 Komma Periode 6)	$0,\overline{6} = 0,666...$	
Menge der rationalen Zahlen	$\mathbb{Q}$	
Punkt mit $x = 3,5$ und $y = 19$	$P(3,5 \mid 19)$	$P(3,5; 19)$
Betrag einer Zahl *a*	$\|a\|$	
Prozentsatz	p	
Prozentwert	W	
Grundwert	G	
Winkeleinheit Grad	°	
Gerade	g	
(Eck-)Punkte in ebenen Figuren	$A, B, C, D, ...$	
Bildpunkte	$A', B', C', D', ...$	
Abbildung (Überführung) eines Punkts auf (in) einen anderen	$B \rightarrow B'$	
Spiegel(ungs)-, Drehpunkt	Z	
Links- und Rechtsdrehung um einen bestimmten Winkel	L 200°, R 30°	
Winkel alpha, beta, gamma, delta, epsilon	$\alpha, \beta, \gamma, \delta, \varepsilon$	
Seitenlängen einer ebenen Figur	a, b, c, d	
Höhe einer ebenen Figur	h	
Flächeninhalt einer ebenen Figur	A	

Besser in

Mathematik Lösungsheft

6. Klasse

Gymnasium

Cornelsen SCRIPTOR

1 Brüche

1.1 Brüche erweitern und kürzen

Übung 1 Seite 8

a) 5 b) 10 c) 9

Übung 2 Seite 8

a) 4 b) 3 c) 6

Übung 3 Seite 8

$\frac{9}{10}, \frac{3}{5}, \frac{1}{3}, \frac{1}{3}, \frac{3}{1}, \frac{2}{1}, \frac{4}{1}, \frac{3}{10}, \frac{9}{16}, \frac{1}{1}, \frac{3}{5}, \frac{10}{1}$

Übung 4 Seite 8

a) $\frac{7}{9} = \frac{56}{72} = \frac{35}{45} = \frac{77}{99}$ b) $\frac{5}{12} = \frac{30}{72} = \frac{25}{60} = \frac{75}{180}$

Übung 5 Seite 8

a) $\frac{2 \cdot 2 \cdot 2 \cdot 2}{2 \cdot 2 \cdot 5 \cdot 13} = \frac{4}{65}$ b) $\frac{3 \cdot 5 \cdot 7}{5 \cdot 5 \cdot 7 \cdot 7} = \frac{3}{35}$

c) $\frac{5 \cdot 11}{5 \cdot 3 \cdot 11} = \frac{1}{3}$ d) $\frac{2 \cdot 3 \cdot 3 \cdot 3}{2 \cdot 3 \cdot 13} = \frac{9}{13}$

Übung 6 Seite 9

a) $\frac{169}{624}$ und $\frac{216}{624}$ b) $\frac{63}{75}$ und $\frac{35}{75}$

c) $\frac{30}{140}$ und $\frac{7}{140}$ d) $\frac{34}{162}$ und $\frac{63}{162}$

Übung 7 Seite 9

a) HN: 72 b) HN: 120

1.2 Addieren und Subtrahieren von Brüchen

Übung 1 Seite 11

a) $\frac{7}{12}$ b) $\frac{13}{36}$ c) $\frac{7}{24}$

Übung 2 Seite 11

a) $\frac{14}{12} = \frac{7}{6} = 1\frac{1}{6}$ b) $2\frac{17}{30}$ c) $\frac{17}{42}$

d) $\frac{17}{42}$ e) $\frac{2}{15}$ f) $\frac{19}{36}$

Übung 3 Seite 11

a) $2\frac{1}{4}$ b) $1\frac{1}{3}$ c) $1\frac{67}{120}$

d) $\frac{1}{48}$ e) $\frac{1}{21}$

Übung 4 Seite 11

a) $\frac{17}{24}$ b) $-\frac{5}{8}$ c) $\frac{17}{24}$

Übung 5 Seite 11

a) $1\frac{5}{36}$; HN 36 b) $\frac{11}{20}$; HN 20 c) $\frac{45}{56}$; HN 56

d) $\frac{1}{5}$; HN 15 e) $\frac{27}{40}$ HN: 40

Übung 6 Seite 11

a) $\frac{11}{12} - \frac{5}{9} = \frac{13}{36}$ b) $\left(\frac{9}{6} + \frac{8}{3}\right) - \left(\frac{8}{5} - \frac{1}{6}\right) = 2\frac{11}{15}$

Übung 7 Seite 12

$\frac{1}{2} + \frac{3}{4} + \frac{1}{8} + \frac{1}{8} = \frac{12}{8} = 1\frac{1}{2}$.

Ja, der 2-l-Krug reicht aus.

1.3 Gemischte Brüche addieren und subtrahieren

Übung 1 Seite 13

a) $\frac{40}{11}$ b) $3\frac{3}{4}$ c) $\frac{10}{7}$ d) $\frac{61}{8}$ e) $9\frac{4}{5}$ f) $10\frac{1}{10}$

Übung 2 Seite 13

a) $12\frac{13}{18}$ b) $7\frac{25}{42}$ c) $16\frac{7}{12}$ d) $5\frac{1}{24}$

Übung 3 Seite 13

a) $4\frac{1}{4}$ b) $10\frac{5}{21}$ c) $\frac{7}{18}$ d) $2\frac{1}{3}$

Übung 4 Seite 14

a) $3\frac{5}{12}$ b) $4\frac{22}{35}$ c) $\frac{7}{18}$

Übung 5 Seite 14

a) $10\frac{1}{20}$ b) $9\frac{10}{21}$ c) $\frac{17}{30}$

Übung 6 Seite 14

a) $24\frac{23}{24}$ b) von $459\frac{4}{15}$

1.4 Multiplizieren und dividieren von Bruchzahlen mit einer natürlichen Zahl

Übung 1 Seite 16

a) $\frac{4}{5}$ b) $\frac{6}{8} = \frac{3}{4}$ c) $\frac{9}{4} = 2\frac{1}{4}$

d) $2\frac{6}{7}$ e) $2\frac{1}{10}$ f) $8\frac{1}{4}$

Übung 2 Seite 16

a) $\frac{1}{10}$ b) $\frac{1}{6}$ c) $\frac{3}{8}$ d) $\frac{5}{21}$ e) $\frac{3}{10}$ f) $\frac{6}{11}$

Übung 3 Seite 16

a) $\frac{8}{3}$ b) 21 c) 36 d) $\frac{1}{70}$ e) $\frac{3}{26}$ f) $\frac{7}{100}$

Übung 4 Seite 17

$2 \cdot \frac{7}{10} + 3 \cdot \frac{4}{5} + 1\frac{1}{5} + 1\frac{1}{2} + \frac{1}{4} = 6\frac{3}{4}$

Der Ranzen ist $6\frac{3}{4}$ kg schwer.

Übung 5 Seite 17

a) $x = 10$ $y = 18$ $z = 12$

b) $x = \frac{2}{15}$ $y = \frac{3}{4}$ $z = \frac{9}{7}$

1.5 Multiplizieren von Brüchen mit Bruchzahlen

Übung 1 Seite 18

a) $\frac{3}{7} \cdot \frac{1}{2}\,\text{kg} = \frac{3}{14}\,\text{kg}$

b) $\frac{7}{12}\,\text{m}^2$ c) $\frac{1}{4}\,\text{h}$ d) $\frac{7}{60}\,\text{cm}$ e) $\frac{7}{12}\,\text{cm}$

Übung 2 Seite 18

a) $\frac{5}{8}$ kg b) $\frac{1}{2}$ Stunde c) $\frac{1}{8}$

Übung 3 Seite 18

a) $\frac{35}{72}$ b) $\frac{45}{49}$ c) $\frac{48}{65}$ d) $\frac{57}{121}$ e) $\frac{25}{81}$ f) $\frac{121}{144}$

Übung 4 Seite 19

a) $\frac{3}{10}$ b) 8 c) 1 d) 1 e) $\frac{3}{2} = 1\frac{1}{2}$

Übung 5 Seite 19

a) $1\frac{5}{7}$ b) 3 c) $\frac{1}{4}$

Übung 6 Seite 19

a) 12 b) 45 c) 20 d) $\frac{140}{153}$

Übung 7 Seite 19

a) $46\frac{2}{3}$ b) $8\frac{2}{5}$ c) 368 d) $61\frac{1}{4}$ e) 0

1.6 Dividieren von Brüchen durch eine Bruchzahl

Übung 1 Seite 21

a) $1\frac{1}{20}$ b) $\frac{65}{108}$ c) 6 d) $1\frac{1}{2}$ e) $\frac{344}{729}$

Übung 2 Seite 21

a) $2\frac{4}{15}$ b) 2 c) $2\frac{7}{39}$ d) 1

Übung 3 Seite 21

a) $\frac{4}{7}, \frac{8}{7}, \frac{16}{7}, \frac{32}{7}, \ldots$
Nachfolgende Zahlen verdoppeln sich.

b) $\frac{4}{7}, \frac{4}{14}, \frac{4}{28}, \frac{4}{56}, \ldots$
Nachfolgende Zahlen sind nur halb so groß.

Übung 4 Seite 21

a) $1\frac{1}{2}$ b) $\frac{4}{25}$ c) $2\frac{3}{10}$

Übung 5 Seite 21

$1\frac{1}{2}\,l : \frac{1}{5}\,l = 7\frac{1}{2}$ Gläser können gefüllt werden.

Übung 6 Seite 21

a) falsch b) wahr c) falsch d) falsch

Übung 7 Seite 21

Die Zahl heißt 9.

1.7 Rechengesetze und Berechnung von Termen

Übung 1 Seite 23

a) $2\frac{7}{10}$ b) $1\frac{29}{300}$ c) $1\frac{1}{2}$

Übung 2 Seite 23

a) $\frac{1}{6}$ b) $\frac{5}{12}$

Übung 3 Seite 23

a) $\left(\frac{5}{9} + \frac{5}{6}\right) \cdot \frac{18}{5} = 5$ b) $\left(4\frac{2}{5} \cdot 3\frac{3}{4}\right) : 8\frac{4}{5} = 1\frac{7}{8}$

c) $10 : \left(4\frac{1}{2} - 3\frac{1}{3}\right) = 8\frac{4}{7}$

Übung 4 Seite 23

a) $2\frac{7}{12}$ b) $1\frac{1}{20}$ c) $2\frac{3}{71}$

Übung 5 Seite 24

a) $\frac{7}{2} = 3\frac{1}{2}$ b) $\frac{3}{20}$ c) $10\frac{4}{15}$

Übung 6 Seite 24

a) $x = 6$ b) $x = 0$ c) $x = \frac{2}{3}$ d) $x = 1$

1.8 Sachaufgaben zur Bruchrechnung

Übung 1 Seite 25

a) Landfläche: ca. 153 Mio. km^2, Wasserfläche: ca. 357 Mio. km^2.
b) Nord: Landfläche: ca. 102 Mio. km^2, Wasserfläche: ca. 153 Mio. km^2.
c) Süd: $\frac{1}{5}$ Landfläche: ca. 51 Mio. km^2, $\frac{4}{5}$ Wasserfläche: ca. 204 Mio. km^2.

Übung 2 Seite 26

a) Rauminhalt: $22\frac{58}{125}\,cm^3$
b) Oberflächeninhalt: $58\frac{14}{25}\,cm^2$
c) Flächeninhalt der Reibflächen: $12\frac{12}{25}\,cm^2$

Übung 3 Seite 26

Ansatz: $x \cdot \frac{2}{9} = 1200$
$x = 5400$ m; $h = 5400$ m + 1200 m
$h = 6600$ m

Übung 4 Seite 26

Gesamthöhe des Leuchtturmes $h = 75$ m, unter dem Meeresboden 15 m, im Wasser 25 m, denn $\frac{7}{15} = 35$ m ragen aus dem Wasser.

Übung 5 Seite 26

Die Länge verkürzt sich um $12\frac{1}{2}$ m auf $40\frac{1}{2}$ m.

Test

Übung 1 Seite 27

a) $\frac{7}{9} = \frac{56}{72} = \frac{35}{45} = \frac{77}{99}$ b) $\frac{5}{12} = \frac{30}{72} = \frac{25}{60} = \frac{75}{180}$

Übung 2 Seite 27

$\frac{5}{20} < \frac{5}{14} < \frac{5}{11} < \frac{5}{9} < \frac{5}{8} < \frac{5}{7} < \frac{5}{6} < \frac{5}{5} < \frac{7}{5} < \frac{7}{3} < \frac{7}{2}$

Übung 3 Seite 27

a) $\frac{17}{30}$ b) $\frac{1}{18}$ c) $\frac{51}{120} = \frac{17}{40}$
d) $\frac{3}{5}$ e) $6\frac{31}{40}$

Übung 4 Seite 27

a) $\frac{10}{49}$ b) $\frac{8}{5}$ c) $17\frac{17}{35}$
d) $\frac{2}{5}$ e) $\frac{2}{21}$ f) $1\frac{1}{3}$

Übung 5 Seite 27

a) $1\frac{19}{24}$ b) $2\frac{1}{10}$

Übung 6 Seite 27

a) $\frac{3}{5}$ der Vereinsmitglieder spielt Fußball.
b) 33 Mädchen spielen Fußball.

2.1 Dezimalzahlen – Zehnerbrüche

Übung 1 Seite 29

…	H	Z	E	z	h	t	zt	ht	
		5	0	0	2				
			3	1	7	0	4		
	3	0	0	0	5				
			0	0	5				
			0	0	0	1			
			4	0	2	0	4	0	6
			0	0	0	1	0	1	

Übung 2 Seite 30

	…	H	Z	E	z	h	t	zt	ht
a)				2	5	5			
b)			1	3	0	4			
c)		6	0	6	1	0	5		
d)				9	9	9			

a) $2{,}55 = 2\frac{55}{100} = 2\frac{11}{20}$

b) $13{,}04 = 13\frac{4}{100} = 13\frac{1}{25}$

c) $606{,}105 = 606\frac{105}{1\,000} = 606\frac{21}{200}$

d) $9{,}99 = 9\frac{99}{100}$

Übung 3 Seite 30

0,4; 0,1; 0,35; 0,80; 0,05; 0,678; 0,509; 0,017; 0,02; 0,005

Übung 4 Seite 30

2,9; 3,17; 6,07; 20,782; 12,003; 31,375; 5,0101; 1,01; 4,25

Übung 5 Seite 30

$\frac{1}{2}$; $\frac{375}{1\,000} = \frac{3}{8}$; $\frac{28}{100} = \frac{7}{25}$; $\frac{45}{1\,000} = \frac{9}{200}$; $4\frac{65}{100} = 4\frac{13}{20}$; $50\frac{5}{100} = 50\frac{1}{20}$; $10\frac{1}{1\,000}$; $\frac{20}{100} = \frac{1}{5}$; $\frac{2}{100} = \frac{1}{50}$

Übung 6 Seite 30

$\frac{2}{5}$; $\frac{3}{5}$; $\frac{3}{4}$; $\frac{1}{8}$; $\frac{5}{8}$; $\frac{21}{200}$; $\frac{4}{25}$; $\frac{17}{20}$; $\frac{7}{25}$

Übung 7 Seite 30

a) 0,175 kg b) 2,025 kg c) 0,375 km
d) 2,16 m^2 e) 0,750 dm^3 f) 4,04 t
g) 21 g h) 70 dm i) 8,5 km^2
j) 2,5 min

2.2 Ordnen, Vergleichen und Runden von Dezimalzahlen

Übung 1 Seite 32

a) A = 3,2 B = 7,6 C = 1,4
D = 4,9 E = 0,8 F = 8,3

b)

Übung 2 Seite 32

a) 0,9 b) 2,58 c) 0,62

Übung 3 Seite 32

345,022 < 345,202 < 345,22 < 453,202 < 453,22 < 534,222

Übung 4 Seite 32

a) > b) > c) < d) >

Übung 5 Seite 33

a) ≈ 56 b) ≈ 24 c) ≈ 1
d) ≈ 124 e) ≈ 45

Übung 6 Seite 33

a) ≈ 30,47 b) ≈ 0,564
c) ≈ 10 d) ≈ 7,0

Übung 7 Seite 33

a) ≈ 17,02 b) ≈ 8,98
c) ≈ 0,01 d) ≈ 70,00

Übung 8 Seite 33

a) ≈ 0,58 b) ≈ 0,3
c) ≈ 5,46 d) ≈ 13,010

Übung 9 Seite 33

a) ≈ 46 g | b) ≈ 328 a
c) ≈ 37 cm^3 | d) ≈ 571 l
e) ≈ 159 dm | f) = 3 375 m
g) ≈ 68 m^2 | h) ≈ 2 101 kg

Übung 10 Seite 33

a) $0{,}465 \le x < 0{,}475$
b) $4{,}25 \le x < 4{,}35$
c) $0{,}545 \le x < 0{,}555$
d) $71{,}5 \le x < 72{,}5$

2.3 Addieren und Subtrahieren von Dezimalzahlen

Übung 1 Seite 35

a) 402,075
b) 1

Übung 2 Seite 35

a) 46,44
b) 3,897

Übung 3 Seite 35

a) 760 m + 540 m + 682,5 m = 1 982,5 m
b) 6 599 m^2
c) 1 016,5 dm^3 = 1,0165 m^3
d) 389,224 kg

Übung 4 Seite 35

a) =
b) >
c) >
d) <

Übung 5 Seite 36

a) 13,3325
b) 15,1726
c) 27,897
d) 28,96

2.4 Multiplizieren von Dezimalzahlen

Übung 1 Seite 38

a) 5679,8
b) 34 576,3
c) 450
d) 306,7
e) 85 020

Übung 2 Seite 38

a) 10 000
b) 1 000
c) 1
d) 100 000
e) 1 000
f) 1

Übung 3 Seite 38

a) 2,5
b) 1
c) 12
d) 15
e) 0,25
f) 0,0625

Übung 4 Seite 38

a) 22,05
b) 618,7
c) 2 900,3
d) 7 590,75
e) 36,288

Übung 5 Seite 38

a) 1,44
b) 0,1
c) 0,2
d) 1,54
e) 0,0048

Übung 6 Seite 38

a) 417,775
b) 150,92
c) 4,1921
d) 9,5025
e) 13,9542

Übung 7 Seite 39

a) 1,7; 170; 0,017
b) 64,064; 0,640 64; 6 406,4
c) 8,9375; 893,75; 0,089 375

Übung 8 Seite 39

Für die 19768 m^2 muss der Verein 340.998 € aufbringen.

2.5 Dividieren von Dezimalzahlen

Übung 1 Seite 41

a) 1: 0,1; 0,01; 0,001; 0,0001
b) 28 002: 2 800,2; 280,02; 28,002; 2,8002
c) 240,042: 24,0042; 2,400 42; 0,240 042; 0,024 004 2
d) 0,05: 0,005; 0,0005; 0,000 05; 0,000 005
e) 20,001: 2,0001; 0,200 01; 0,020 001; 0,002 000 1
f) 100 000: 10 000; 1 000; 100; 10
g) 28 000: 2 800; 280; 28; 2,8
h) 10,01: 1,001; 0,1001; 0,010 01; 0,001 001

Übung 2 Seite 41

a) 2,6
b) 8,35
c) 0,29
d) 0,27

Übung 3 Seite 41

a) 1 083,6 : 42 = 25,8
b) 26,43
c) 0,248
d) 2,715

Übung 4 Seite 41

a) 2,45
b) 2,33
c) 0

Übung 5 Seite 41

Mittelwert: 38,2 m

Übung 6 Seite 42

34 Fuhren; 2 LKWs fahren 11-mal, 1 LKW fährt 12-mal

Übung 7 Seite 42

Holland: 100 g kosten 0,40 €
Italien: 100 g kosten 0,395 €
Antwort: Die Tomaten aus Italien sind günstiger.

2.6 Abbrechende und periodische Dezimalzahlen

Übung 1 Seite 43

a) 0,35; 1,25; 1,4; 0,34; 0,28
b) 1,125; 0,056; $0{,}2\overline{6}$; 0,225; 0,1875

Übung 2 Seite 43

a) $0{,}25 = \frac{1}{4}$; $\frac{1}{2} = 0{,}5 = \frac{4}{8}$; $\frac{2}{5} = 0{,}4 = \frac{4}{10}$

b) $0{,}1 = \frac{1}{10}$; $\frac{1}{100} = 0{,}01$; $0{,}05 = \frac{5}{100} = \frac{1}{20}$; $\frac{1}{5} = 0{,}20$

Übung 3 Seite 43

a) $\frac{5}{6}$; $\frac{4}{3}$

b) $\frac{4}{9}$; $\frac{3}{7}$; $\frac{1}{11}$; $\frac{35}{75}$

Übung 4 Seite 44

a) 7,25; 1,375; 0,408; 0,6875; 1,8
b) 0,48; 0,78125; 0,65; 0,765; 0,06

Übung 5 Seite 44

a) $1{,}\overline{3}$; $0{,}\overline{45}$; $0{,}\overline{714285}$; $0{,}\overline{2}$; $0{,}\overline{142857}$
b) $0{,}8\overline{3}$; $0{,}3\overline{18}$; $0{,}2\overline{142857}$; $0{,}6\overline{1}$; $0{,}58\overline{3}$

Übung 6 Seite 44

a) $0{,}01 < 0{,}\overline{01} < 0{,}1 < 0{,}\overline{10} < 0{,}11 < 0{,}\overline{1}$
b) $0{,}2 < 0{,}21 < 0{,}\overline{21} < 0{,}22 < 0{,}\overline{2} < 0{,}23$

Übung 7 Seite 44

$\frac{2}{9}$; $\frac{1}{3}$; $\frac{4}{9}$; $\frac{5}{9}$; $\frac{2}{99}$; $\frac{15}{99}$; $\frac{10}{99}$; $\frac{2}{90}$; $\frac{4}{90}$; $1\frac{1}{9}$; $1\frac{2}{3}$; $1\frac{20}{99}$

2.7 Berechnung von Termen

Übung 1 Seite 46

a) 4 b) 4,4 c) 3,5

Übung 2 Seite 46

a) 2,65 b) 3,5
c) 119 d) 18
e) 9,828

Übung 3 Seite 46

a) 28 b) 1,9
c) 0,3 d) 0
e) 1 f) 3

Übung 4 Seite 46

a) 0,46
b) 1
c) 2,3669

Übung 5 Seite 46

a) (14,75 + 7,25) + (14,75 − 7,25) = 29,5
b) (1,96 − 1,44) · (0,13 · 4) = 0,2704
c) (2,25 + 2,75) : (6,25 : 2,5) = 2
d) 12 · (1,1 + 1,2) − 6,6 = 21

Übung 6 Seite 47

2 · 1,99 € + 3 · 2,99 € + 6 · 1,10 € = 19,55 €.
Sie bekommt 45 ct zurück.

2.8 Sachaufgaben zum Rechnen mit Dezimalzahlen

Übung 1 Seite 48

gemessener Wert (auf mm gerundet)	mögliche untere Grenze	mögliche obere Grenze	Breite der Schwankung zwischen den Grenzen	maximaler Fehler
10,4 cm	10,35 cm	10,45 cm	1 mm	0,5 mm
12,7	12,65	12,75	1 mm	0,5 mm
15,2	15,15	15,25	1 mm	0,5 mm
16,8	16,75	16,85	1 mm	0,5 mm

Übung 2 Seite 48

Durchschnittlicher Benzinverbrauch: 8,52 l

Übung 3 Seite 49

Rein-Wasch ist mit 2,78 € pro kg billiger als Weiß-Wasch mit 2,80 € pro kg.

Übung 4 Seite 49

40,3736 km

Übung 5 Seite 49

3,57 m^2 Scheiben kosten 263,70 €.

Übung 6 Seite 49

3,44 964 kg

Übung 7 Seite 49

a) 127,737 m^3 = 127 737 dm^3 (l)

b) 2 904 Fliesen

c) Er reicht nicht. Der Boden hat eine Fläche von 70,965 m^2, 20 kg reichen für 70 m^2.

Test

Übung 1 Seite 50

$0,\overline{18} > 0,18 > 0,118 > 0,108 > 0,018$

Übung 2 Seite 50

a) ≈ 3639 dm^2 b) ≈ 144 dm c) ≈ 24 cm

Übung 3 Seite 50

a) 1 160,78 b) 49,27 c) 3,3649

d) 27,2 e) 769,23

Übung 4 Seite 50

$\frac{17}{200} = 0{,}085$; $0{,}025 = \frac{1}{40}$; $\frac{2}{11} = 0{,}\overline{18}$;

$\frac{14}{15} = 0{,}9\overline{3}$; $0{,}54 = \frac{27}{50}$

Übung 5 Seite 50

3-kg-Paket: Preis 1,60 € pro kg,

4,5-kg-Paket: Preis $1{,}5\overline{4}$ € pro kg

Das 4,5-kg-Paket ist günstiger.

Übung 6 Seite 50

5,4 · 12,85 € + 109,91 € + 3,5 · 41,80 € = 325,60 €

Die Abbildungen sind nicht maßstabsgerecht.

3.1 Zahlenstrahl und Zahlengerade

Übung 1 Seite 52

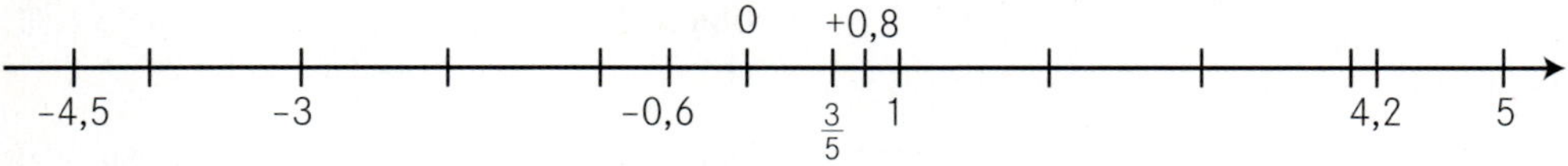

Übung 2 Seite 52

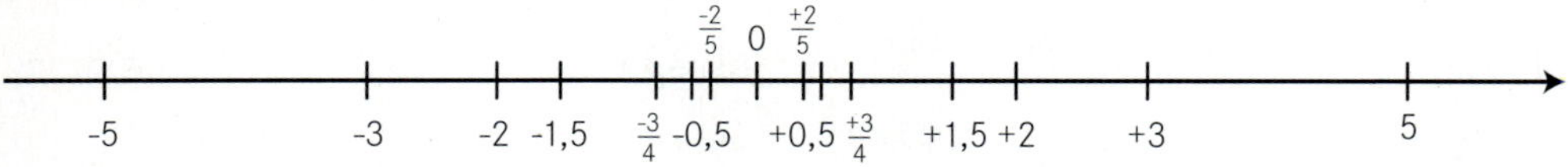

Übung 3 Seite 53

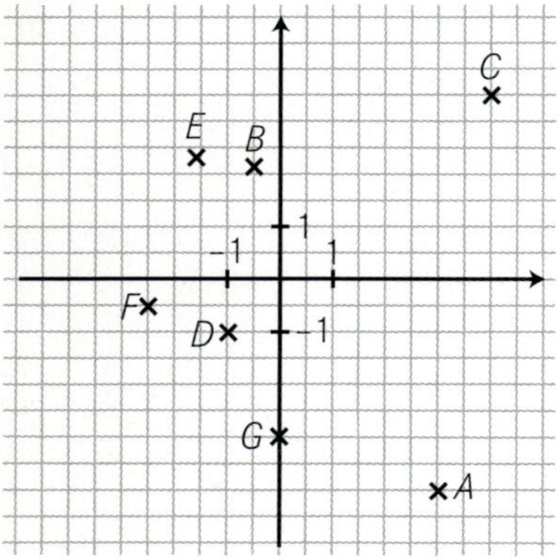

Übung 4 Seite 53

a) >	b) >	c) <	d) <
e) >	f) >	g) >	h) >

Übung 5 Seite 53

a) 1	b) 4,25	c) −0,75	d) −0,125
e) −2,75	f) −2,62	g) 0,035	h) −0,055

Übung 6 Seite 53

a) $L_z = \{5, 6, 7, 8, 9, 10\}$
b) $L_z = \{-6, -5, -4, -3, -2, -1\}$
c) $L_z = \{-3, -2, -1, 0{,}1\}$
d) $L_z = \{-2, -1, 0, 1, 2\}$

3.2 Betrag rationaler Zahlen

Übung 1 Seite 55

a) $3{,}87$; $\frac{7}{2}$; $\frac{5}{4}$; 0; $2{,}1$; $0{,}75$; $0{,}03$; $0{,}54$

b) $6{,}4$; $\frac{4}{5}$; $8\,756$; $10\,001$; 809

Übung 2 Seite 55

a) $+73$, -73
b) $+3{,}62$; $-3{,}62$
c) $+\frac{7}{2}$; $-\frac{7}{2}$
d) 0
e) $+5\frac{1}{2}$; $-5\frac{1}{2}$
f) $+6{,}5$; $-6{,}5$
g) $+1$; -1

Übung 3 Seite 56

a) b) c)

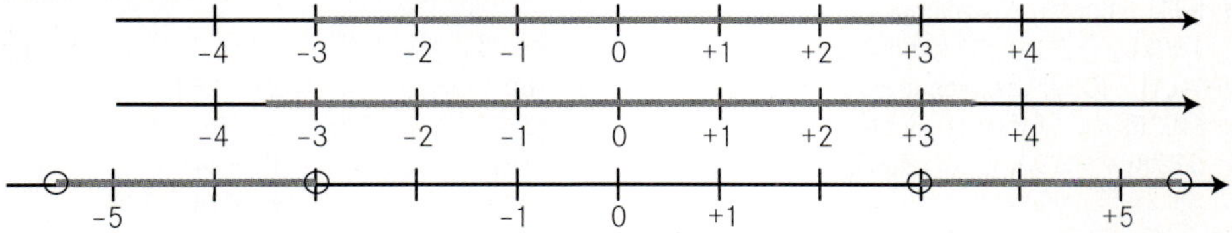

Übung 4 Seite 56

a) $-3, -2, -1, 0, +1, +2, +3$
b) $-3, -2, -1, 0, +1, +2, +3$
c) $-2, -1, 0, +1, +2$
d) $-5, +5, -4, +4$
e) $+1, -1, +2, -2, +3, -3, +4, -4, +5, -5$

Übung 5 Seite 56

a) $-2{,}5 < -\frac{4}{3} < -1 < 0{,}3 < \frac{5}{4} < 2$

b) $|+0{,}3| < |-1| < \left|+\frac{5}{4}\right| < \left|-\frac{4}{3}\right| < |+2|$
$< |-2{,}5|$

Übung 6 Seite 56

a) Wenn $a < b < 0$, dann ist $|a| > |b|$

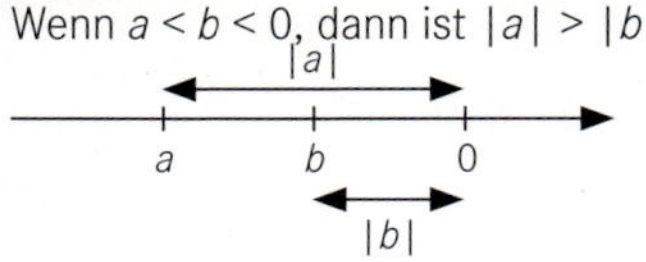

b) a steht weiter links von 0 als b, hat also den kleineren Wert, hat somit den größeren Abstand von 0, also den größeren Betrag.

Übung 7 Seite 56

a) 6 b) 22 c) 0,5 d) 12

Übung 8 Seite 56

a) 18 °C b) 15,6 °C c) 11,2 °C

3.3 Addieren rationaler Zahlen

Übung 1 Seite 59

a) $-(13-6) = -7$
b) $-(43-27) = -16$
c) $-(45+12) = -57$
d) $+(16+68) = +84$
e) $+(35-29) = +6$
f) $-(4{,}5+1{,}5) = -6$

Übung 2 Seite 59

a) − b) − c) − d) − e) + f) −

Übung 3 Seite 59

a) $-\frac{5}{6}$ b) $-\frac{2}{15}$
c) $-\frac{13}{56}$ d) $-\frac{1}{36}$
e) -10 f) $+5\frac{1}{3}$
g) $4\frac{1}{18}$ h) $+5$

Übung 4 Seite 59

a) $x = -6$ b) $x = -50$
c) $x = -33$ d) $x = +11{,}4$
e) $x = -3{,}6$ f) $x = -4\frac{5}{6}$

Übung 5 Seite 59

a) Guthaben von + 1.180,86 €
b) Schulden von −775,07 €

Übung 6 Seite 59

a) Die Höchsttemperatur an diesem Tag ist − 1,7 °C.
b) Es wurde an diesem Tag eine Temperatur von maximal + 1,3 °C erreicht.

3.4 Subtrahieren rationaler Zahlen

Übung 1 Seite 61

a) − (23 + 16) = − 39
b) + (44 − 33) = + 11
c) + (45 + 11) = + 56
d) + (86 − 68) = + 18
e) − (19 − 15) = − 4
f) + (0,5 − 0,3) = + 0,2

Übung 2 Seite 62

a) (−112) + (−73); Vorzeichen: −
b) (+531) + (+245); Vorzeichen: +
c) (−1002) + (−2 001); Vorzeichen: −
d) (+10,1) + (0,5); Vorzeichen: +
e) (+87,25) + (−11,5); Vorzeichen: −
f) (−6 793) + (+6 937); Vorzeichen: +

Übung 3 Seite 62

a) $+1\frac{1}{4}$
b) $-1\frac{4}{21}$
c) $-\frac{5}{18}$
d) $-1\frac{1}{2}$
e) + 2
f) $-1\frac{1}{22}$

Übung 4 Seite 62

a) $x = -28$
b) $x = +276$
c) $x = +256$
d) $x = -7{,}4$
e) $x = +3{,}7$
f) $x = -1\frac{1}{4}$

Übung 5 Seite 62

a) + 19 882 m
b) + 18 667 m
c) + 15 971 m

Übung 6 Seite 63

a) falsch, Gegenbeispiel + 1; − 3: (+ 1) − (− 3) = 4
b) falsch, Gegenbeispiel: − 3 − (+ 3) = − 6
c) wahr, Addition der Gegenzahl
d) wahr; $+a + (-a) = 0$, $-a + (+a) = 0$

3.5 Multiplizieren rationaler Zahlen

Übung 1 Seite 65

a) − 72
b) + 135
c) − 84
d) − 30
e) − 75
f) + 1
g) $-\frac{1}{2}$
h) $-\frac{3}{4}$
i) 0
j) $2\frac{1}{2}$

Übung 2 Seite 65

a) − 80
b) + 900
c) − 2
d) $-\frac{49}{64}$
e) + 1
f) − 3
g) − 1
h) $-2\frac{1}{4}$
i) + 1
j) + 4

Übung 3 Seite 65

a) + 60
b) − 180
c) − 60
d) + 3
e) − 192
f) − 64
g) − 32
h) + 16

Übung 4 Seite 65

a)

Vorzeichen			
1. Fakt.	2. Fakt.	3. Fakt.	
		−	+
−	−	−	+
−	+	+	−
+	−	+	−
+	+	−	+

b)

Vorzeichen					
1. Fakt.	2. Fakt.	3./4. Fakt.			
		− −	− +	+ −	+ +
−	−	+	−	−	+
−	+	−	+	+	−
+	−	−	+	+	−
+	+	+	−	−	+

Die dunkel gerasterten Zellen geben das Ergebnis wieder.

Übung 5 Seite 66

Lösung in Anlehnung an Beispielen.

3.6 Dividieren rationaler Zahlen

Übung 1 Seite 68

a) $+9$ b) -7 c) -8 d) $-8\frac{1}{3}$

e) -8 f) $+0{,}5$ g) $+\frac{4}{5}$ h) -92

Übung 2 Seite 68

a) $-1\frac{1}{7}$ b) $+\frac{1}{9}$

c) $-3\frac{1}{2}$ d) $+\frac{3}{4}$

Übung 3 Seite 68

a) $+\frac{1}{2}$ b) $-\frac{28}{39}$ c) $-\frac{10}{13}$

Übung 4 Seite 68

a) $+\frac{3}{8}$ b) -13

c) -25 d) $+\frac{2}{5}$

Übung 5 Seite 68

a) $-\frac{1}{4}$ b) $+\frac{1}{3}$ c) $-\frac{49}{54}$

Übung 6 Seite 69

a) wahr b) wahr
c) falsch d) wahr
e) wahr

3.7 Verbindung der Grundrechenarten – Terme

Übung 1 Seite 70

a) $+131$ b) $+476{,}5$

c) $-\frac{3}{7}$ d) $+3\,700$

e) $+26$ f) $-\frac{7}{78}$

Übung 2 Seite 70

a) $40 + 50 = +90$ b) $-37 + 29 = -8$
c) $9 - 7 = +2$

Übung 3 Seite 71

a) $+5{,}43$ b) 0

c) 0 d) $1\frac{50}{81}$

Übung 4 Seite 71

a) $(-7) \cdot (-9 + (-5)) = +98$

b) $-\frac{3}{4} \cdot \frac{5}{6} + \left(-\frac{5}{8}\right) = -1\frac{1}{4}$

c) $(-0{,}3 - (-0{,}5)) : (-2) = -\frac{1}{10}$

Übung 5 Seite 71

Einnahmen: 63,57 €, Ausgaben 74,13 €. Jeder Schüler muss noch 0,33 € zahlen.

Test

Übung 1 Seite 71

a) $L_z = \{-3, -2, -1, 0, +1, +2\}$
b) $L_z = \{0, +1\}$

Übung 2 Seite 71

a) $-1{,}92$
b) $-6{,}82$
c) $+13{,}8$

Übung 3 Seite 72

a) -61
b) -350
c) $-49{,}99$

Übung 4 Seite 72

a) $+40{,}6$
b) $+28{,}35$
c) $-122{,}1$

Übung 5 Seite 72

a) 3,2
b) $+4{,}3$

Übung 6 Seite 72

a) $((+38) + (-74)) - ((-38) - (+74)) = +76$

b) $\frac{1}{10} : \frac{2}{5} - \left(\frac{2}{20} - \frac{9}{10}\right) = 1\frac{1}{20}$

Übung 7 Seite 72

a) $-544 - (-624) = +80$ Jahre wurde Thales.
b) $395 - (-30) - 1 = 424$ Jahre war Ägypten römische Provinz.

4.1 Anteil – Bruchteil – Ganzes (Wiederholung aus der Bruchrechnung)

Übung 1 Seite 74

a) $\frac{3}{15} = \frac{1}{5} = \frac{20}{100} = 0{,}2 = 20\,\%$

b) $\frac{4}{25} = \frac{16}{100} = 0{,}16 = 16\,\%$

c) $\frac{6}{30} = \frac{1}{5} = \frac{20}{100} = 0{,}2 = 20\,\%$

d) $\frac{8}{50} = \frac{4}{25} = \frac{16}{100} = 0{,}16 = 16\,\%$

e) $\frac{150}{2000} = \frac{3}{40} = 0{,}075 = 7{,}5\,\%$

f) $\frac{50}{800} = \frac{1}{16} = 0{,}0625 = 6{,}25\,\%$

Übung 2 Seite 74

a) 15 min
b) 120 €
c) 344 m^2
d) 12 Jungen

Übung 3 Seite 75

a) 120 €
b) 9,2 kg
c) 5 kg
d) 111,75 €

Übung 4 Seite 75

a) 0,7 = 70 %
b) 0,12 = 12 %
c) 0,35 = 35 %
d) 0,625 = 62,5 %
e) 0,25 = 25 %
f) 0,49 = 49 %
g) 0,009 = 0,9 %

4.2 Prozentsatz – Prozentwert – Grundwert

Übung 1 Seite 76

a) $\frac{99}{100} = 0{,}99$

b) $0{,}23 = 23\,\%$

c) $\frac{20}{100} = \frac{2}{10} = 0{,}2$

d) $\frac{5}{100} = \frac{1}{20} = 5\,\%$

e) $\frac{6}{100} = 0{,}06 = 6\,\%$

f) $0{,}005 = \frac{1}{200}$

g) $\frac{9}{10} = \frac{90}{100} = 0{,}9 = 90\,\%$

Übung 2 Seite 77

$\frac{1}{2} = 50\,\%$, $\frac{1}{3} \approx 33{,}3\,\%$, $\frac{1}{4} = 25\,\%$, $\frac{1}{5} = 20\,\%$, $\frac{1}{8} = 12{,}5\,\%$, $\frac{1}{10} = 10\,\%$, $\frac{1}{1} = 100\,\%$, $\frac{2}{1} = 200\,\%$, $\frac{1}{20} = 5\,\%$, $\frac{1}{30} \approx 3{,}3\,\%$, $\frac{1}{40} = 2{,}5\,\%$, $\frac{1}{50} = 2\,\%$, $\frac{1}{100} = 1\,\%$, $\frac{1}{25} = 4\,\%$

Übung 3 Seite 77

a) $\frac{2}{6} \approx 33{,}3\,\%$

b) $\frac{1}{3} \approx 33{,}3\,\%$

c) $\frac{4}{8} = 50\,\%$

d) $\frac{4}{10} = 40\,\%$

e) $\frac{2}{5} = 40\,\%$

f) $\frac{3}{4} = 75\,\%$

g) $\frac{3}{8} = 37{,}5\,\%$

Übung 4 Seite 77

a) 75 %
b) 40 %
c) 10 %
d) 0,625 %
e) 60 %
f) 100 %
g) 20 %
h) 20 %
i) ≈ 16,7 %
j) 0,5 %

Übung 5 Seite 77

a) 10,08 kg
b) 56,70 €
c) 15,625 m^2
d) 79,36 km
e) 10 €
f) 1,28 kg
g) 216 ha

Übung 6 Seite 77

a) 137,50 m
b) 540 €
c) 3 125 g
d) 105 €
e) 1 000 €
f) 720 m^2

Übung 7 Seite 78

a) Herr Müller verdient 2.800 €.
b) Herr Schmidt zahlt mit 35 % anteilig mehr Steuern.

4.3 Prozentuale Erhöhung oder Verminderung

Übung 1 Seite 79

a) ca. 10,1 % billiger
b) ca. 6,71 % teurer
c) ca. 18,18 % billiger
d) ca. 25,32 % teurer

Übung 2 Seite 79

Nein, er hat nicht recht. Er muss jetzt 88,11 € zahlen.

Übung 3 Seite 80

a) Er bezahlt 111 €.
b) Er spart 40 %.

Übung 4 Seite 80

a) Sie kostet 80,50 € am Ende der Ferien.
b) Senkung um ca. 13,043 %

Übung 5 Seite 80

35 € hat es zuvor gekostet.

Übung 6 Seite 80

Es sind 18 Mitglieder dazugekommen.

Übung 7 Seite 80

a) 150,54 €.
b) 380 €

4.4 Darstellung von Prozenten in Diagrammen

Übung 1 Seite 82

a) Die Prozentsätze der beiden Diagramme sind gleich, die tatsächlichen Stimmen (Prozentwerte, Grundwerte) aber unterschiedlich.
b) Anna und SOB: 12,5 %; Mark uund FRB: 25 %; Felix und CKB: 37,5 %; Marie und FWS: 25 %
c) Anna: 4 Stimmen; Mark: 8 Stimmen; Felix: 12 Stimmen; Marie: 8 Stimmen
d) 1 035 Stimmen sind 12,5 %. Gesamtzahl der Stimmen: 8 280
SOB: 1 035 Stimmen; FRB: 2 070 Stimmen; FWS: 2 070 Stimmen; CKB: 3 105 Stimmen

Übung 2 Seite 83

a) Klein: 72° (≙ 20 %); Schneider: 108° (≙ 30 %); Schulz: 180° (≙ 50 %)
(Zum Ablesen: Radien über Kreislinie hinaus verlängern)
b) 66 Stimmen ≙ 36° ≙ 10 %; 660 abgegebene Stimmen
c) Schulz: 330 Stimmen; Klein: 132 Stimmen; Schneider: 198 Stimmen

Übung 3 Seite 83

Übernachtung 60 %,
Busfahrt 25 %,
Eintrittsgelder 15 %

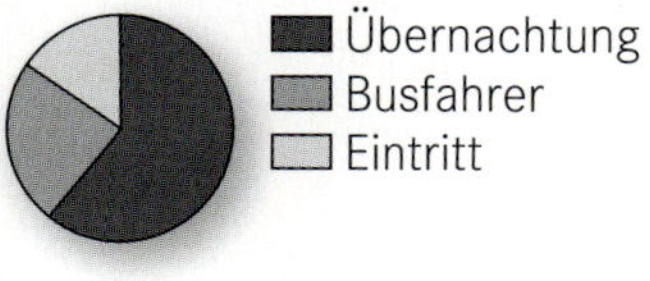

Übung 4 Seite 83

a)

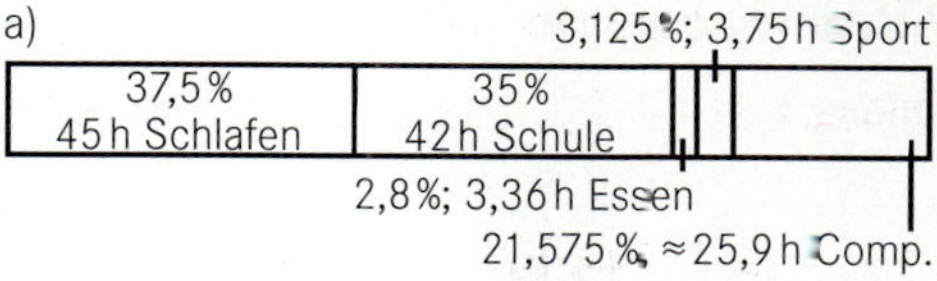

b) Schlafen: 45 Stunden; Schule: 42 Stunden;
Mahlzeiten: 3 Stunden 20 Minuten;
Sport: 3 Stunden 45 Minuten;
Computer: ca. 26 Stunden → viel zu lang!

Test

Übung 1 Seite 84

a) 45 m b) 2 000 kg c) 56 %

Übung 2 Seite 84

a) Herr Schönbeck: ca. 66 %; Frau Klein: ca. 5 %; Herr Bremmer: ca. 29 %
b) Winkelmaße: Herr Schönbeck: 238°; Frau Klein: 18°; Herr Bremmer: 104°

Übung 3 Seite 84

Die Miete wurde von 1.150 € auf 1.242 € erhöht.

Übung 4 Seite 84

a) 56 € Taschengeld erhält Christian
b) 25,20 € spart er für das Fahrrad.

Übung 5 Seite 84

18,90 € kostet in diesem Jahr eine Zehnerkarte.

Übung 6 Seite 84

$3\frac{1}{3}\% - 3{,}3\% = \frac{1}{3}\% - \frac{3}{10}\% = \frac{1}{30}\%.$

$1{,}50\,€ : \frac{1}{30}\% = 1{,}50\,€ \cdot 3000 = 4.500\,€.$

Der Grundwert beträgt 4.500 €.

5.1 Achsenspiegelung und Achsensymmetrie

Übung 1 Seite 88

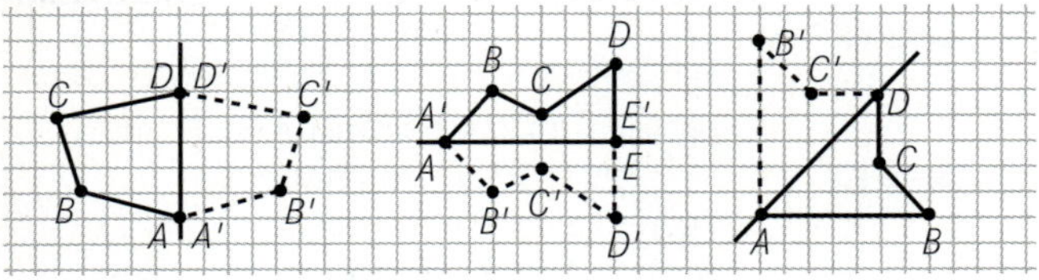

Übung 2 Seite 88

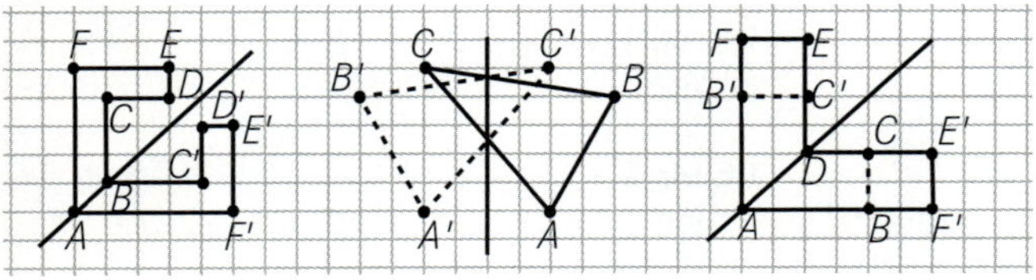

Übung 3 Seite 88

a)

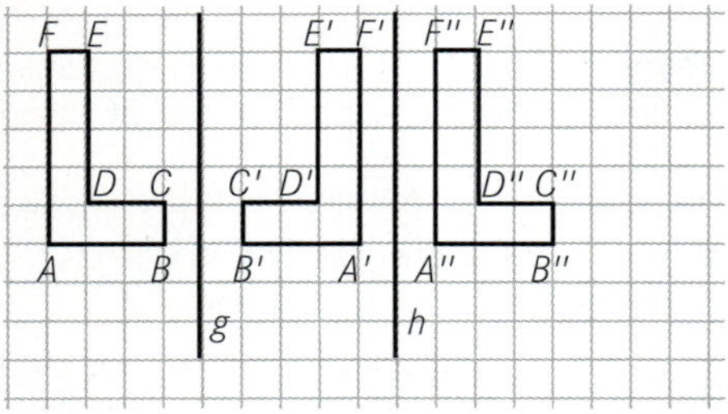

b)

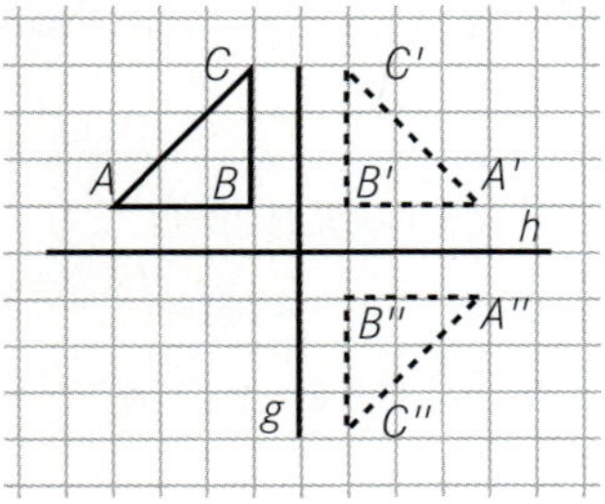

Übung 4 Seite 89

Koordinaten der Bildpunkte: $A'(2|0)$, $B'(3|1)$, $C'(5|0)$, $D'(3|-1)$

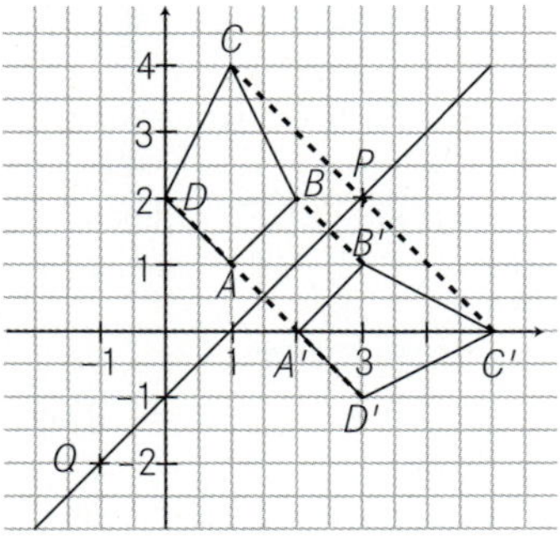

5.2 Punktspiegelung und Punktsymmetrie

Übung 1 Seite 91

a)

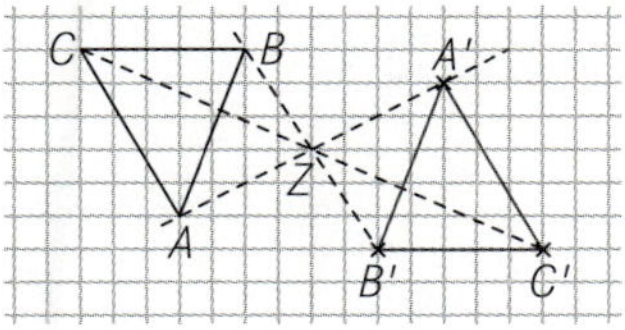

b)

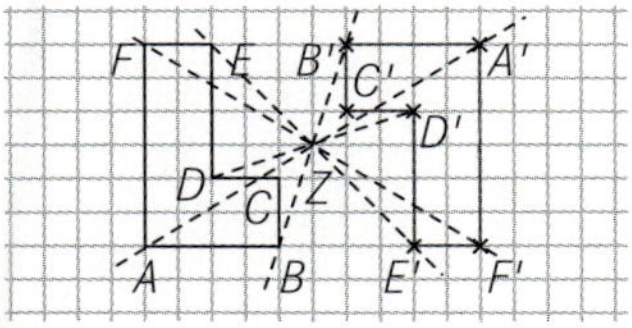

c)

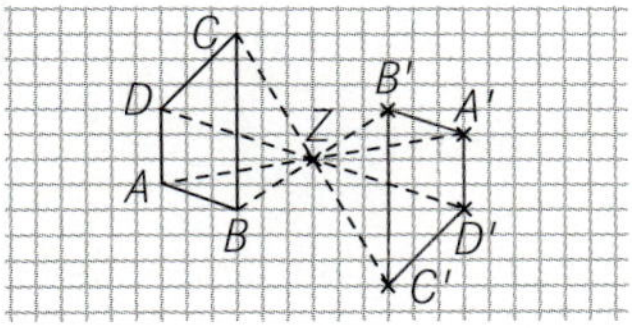

Übung 2 Seite 91

a)

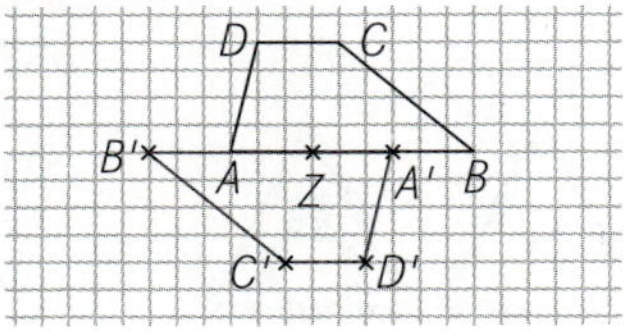

b)

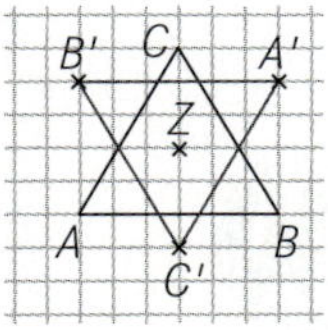

c)

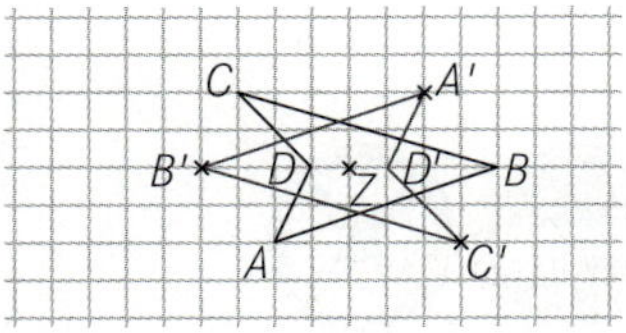

Übung 3 Seite 91

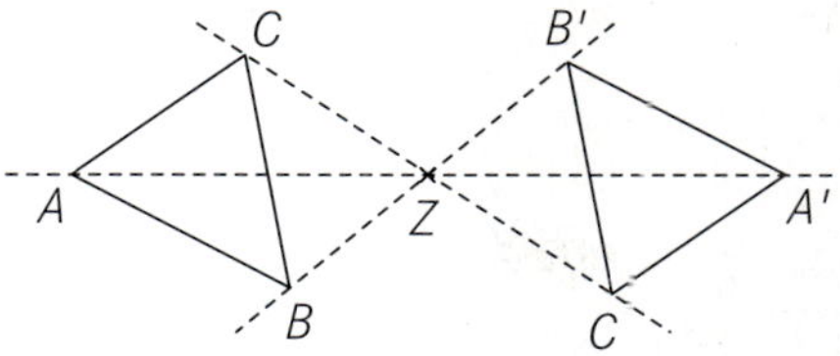

Übung 4 Seite 92

a)

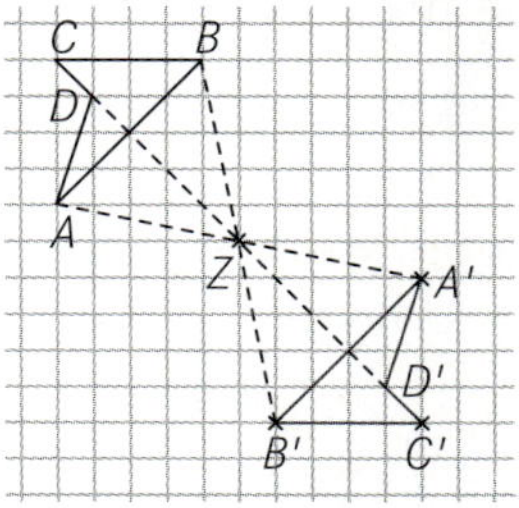

b)

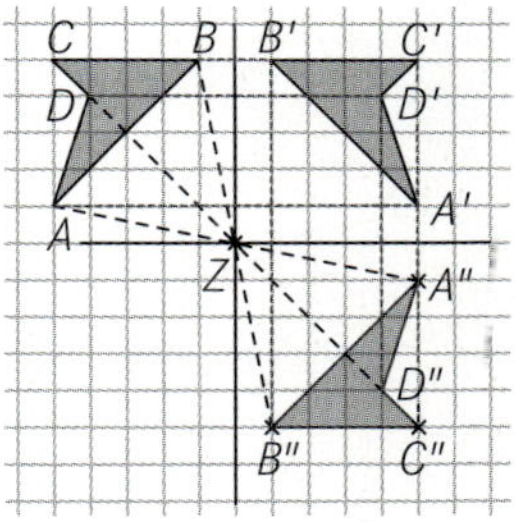

Hintereinanderausführung von Achsenspiegelung an zwei sich senkrecht schneidenden Achsen entspricht einer Punktspiegelung am Schnittpunkt der Achsen.

5.3 Drehung und Drehsymmetrie

Übung 1 Seite 94

a) R 90° b) L 150° c) L 102°
d) R 56° e) R 295,2° f) L 269,75°

Übung 2 Seite 94

a) L 30° b) R 62° c) L 341°
d) R 147°

Übung 3 Seite 94

a) 120° b) 90° c) 180°
d) 360° e) 180°

Übung 4 Seite 95

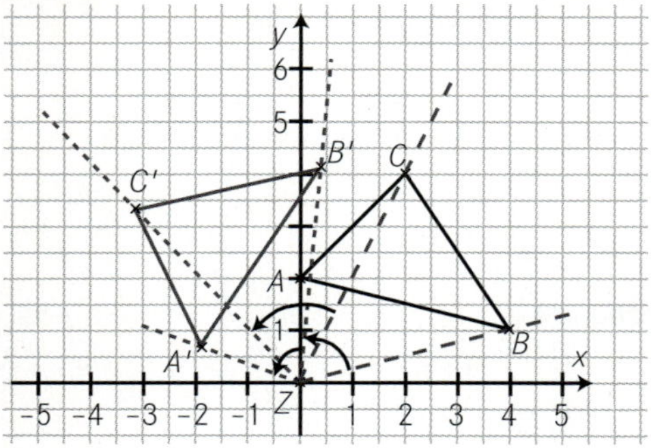

Übung 5 Seite 95

a)
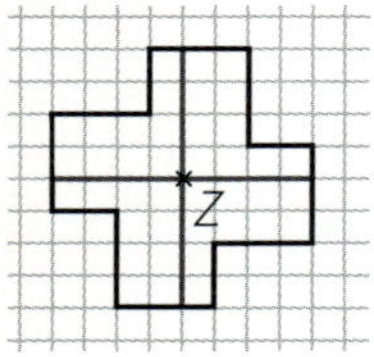

b)
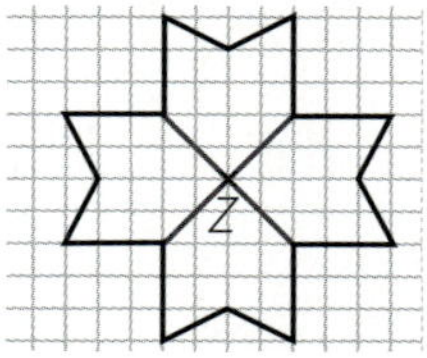

c)
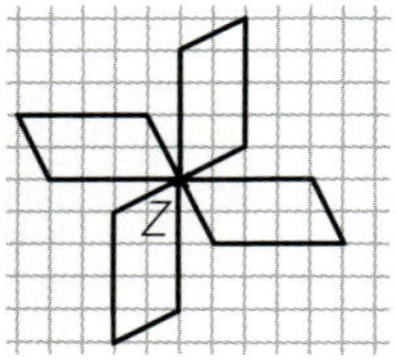

d)
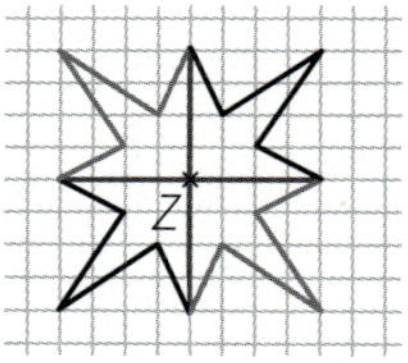

5.4 Kongruente Figuren

Übung 1 Seite 96

Die beiden Dreiecke sind kongruent.

Übung 2 Seite 97

$B \cong D$

Übung 3 Seite 97

a) rechtwinklige Dreiecke *e*, *f*, *g*, *h* durch 90°- Drehung
b) Dreieck *S* und *T* durch 180°- Drehung
c) Parallelogramm *P* und *Q* durch Achsenspiegelung
d) Dreieck *x* und *y* durch 180°- Drehung

Übung 4 Seite 97

a)
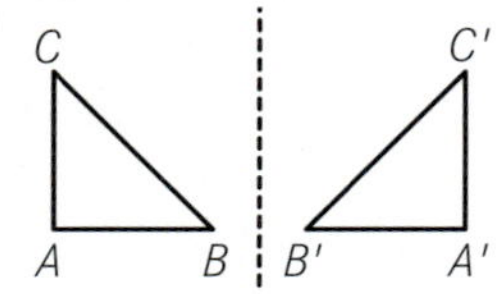

b)
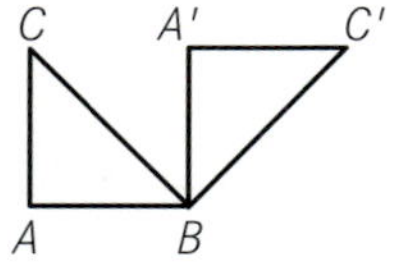

c)
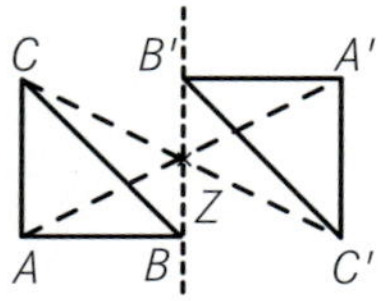

Alles Kongruenzabbildungen:
a) Achsenspiegelung
b) Drehung um *B*
c) Punktspiegelung um *Z*

Test

Übung 1 Seite 98

AS AS AS

AS/DS DS

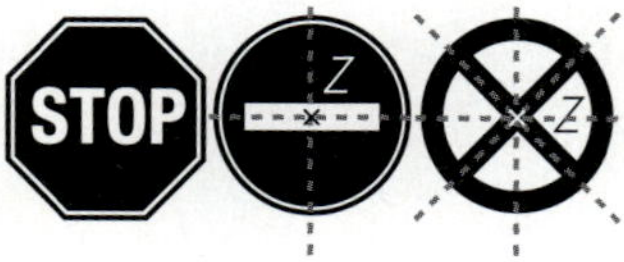

AS/PS/DS

AS: Achsensymmetrie; PS: Punktsymmetrie; DS: Drehsymmetrie

Übung 2 Seite 98

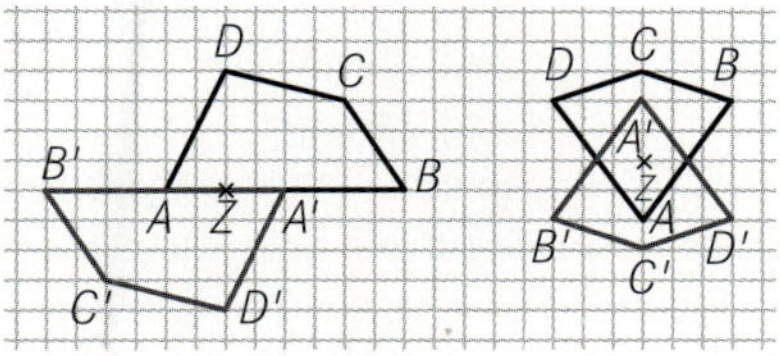

Übung 3 Seite 98

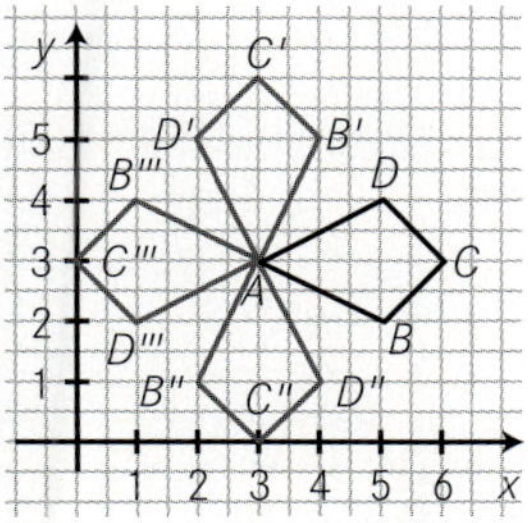

Übung 4 Seite 98

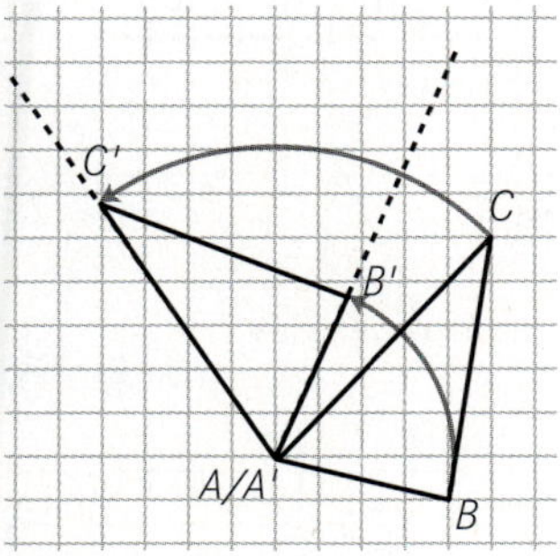

Übung 5 Seite 98

c) $A'(8|1)$, $B'(1|8)$, $C'(6|10)$

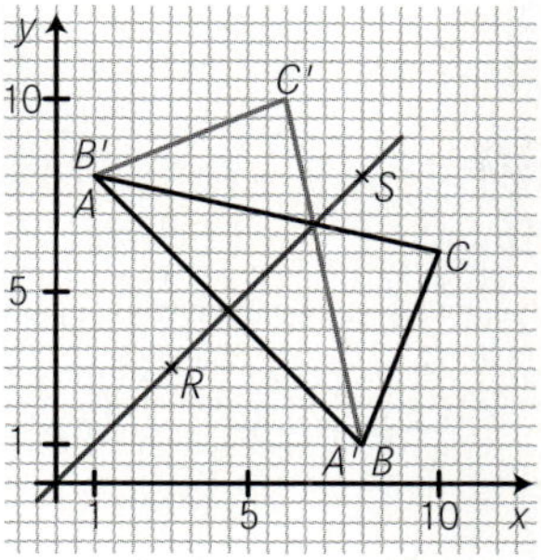

6.1 Flächeninhalt beim Parallelogramm

Übung 1 Seite 102

a) 3,75 cm² b) 2 cm² c) 6,25 cm²
d) 2 cm² e) 2 cm² f) 2 cm²

Übung 2 Seite 102

a) 16 cm² b) 15 cm² c) 12,69 cm²

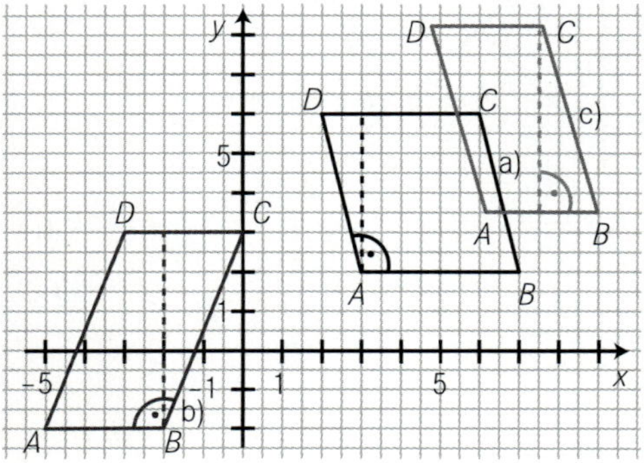

Übung 3 Seite 102

Parallelogramm	a)	b)	c)	d)
Seitenlänge g	8,5 m	5,2 cm	2 000 m	250 cm
Höhe auf g	3,1 m	29 mm	200 dm	75 cm
Flächeninhalt A	26,35 m²	15,08 cm²	400 a	1,875 m²

Übung 4 Seite 103

1. Maler: Preis 1.867,36 €
2. Maler: Preis 1.705 €

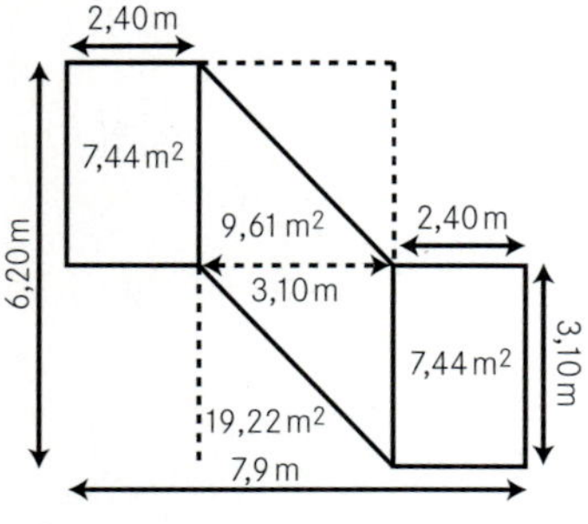

Die zweite Möglichkeit ist günstiger.

Übung 5 Seite 103

$3 \cdot 4\,\text{cm} \cdot 3\,\text{cm} = 36\,\text{cm}^2$

6.2 Flächeninhalt beim Dreieck

Übung 1 Seite 105

a) 12,5 cm² b) 10 cm²
c) 7,5 cm² d) 7,5 cm²
e) Die Dreiecke b) und d) sind rechtwinklige Dreiecke. Diese lassen sich durch Spiegelung an der dem rechten Winkel gegenüberliegenden Seite zu Rechtecken ergänzen. Deren Fläche ist $a \cdot b$, diese unterteilt sich in die zwei gleich großen Dreiecke mit der Fläche $A_b = \frac{1}{2} \cdot a \cdot b$ bzw. $A_d = \frac{1}{2} \cdot x \cdot y$.

Übung 2 Seite 105

a) 4,375 cm² b) 4,5 cm² c) 6 cm²

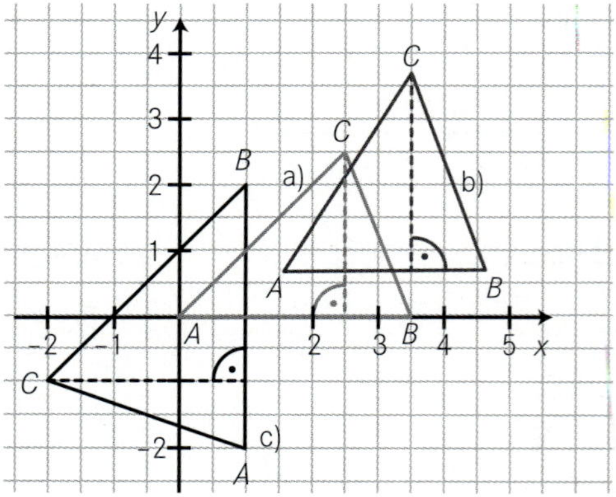

Übung 3 Seite 105

Dreieck	a)	b)	c)	d)
Seitenlänge g	4,5 cm	2,25 cm	24 cm	250 mm
Höhe auf g	1,7 cm	2 cm	36 cm	1,2 dm
Flächeninhalt A	3,825 cm²	2,25 cm²	4,32 dm²	150 cm²

Übung 4 Seite 105

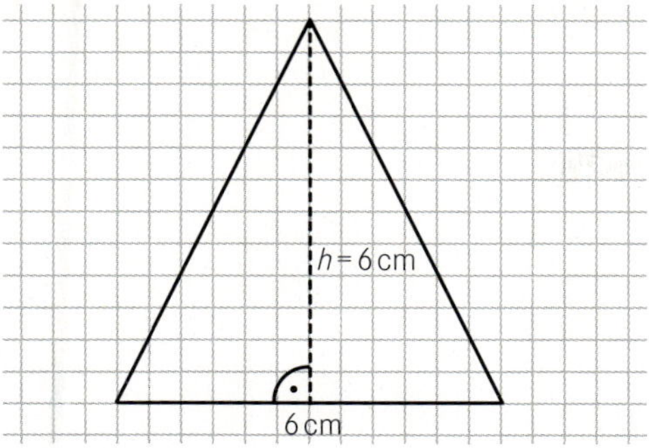

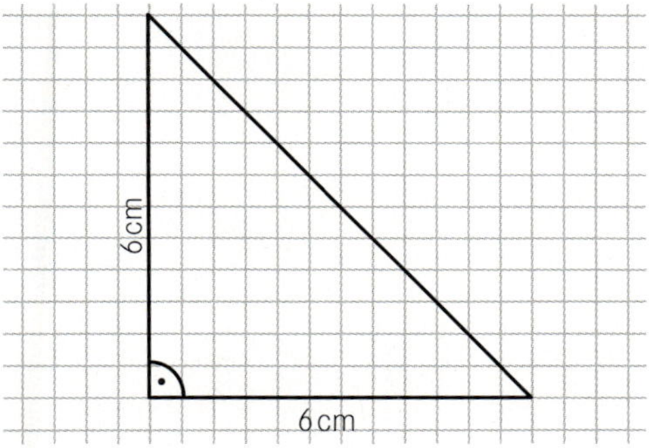

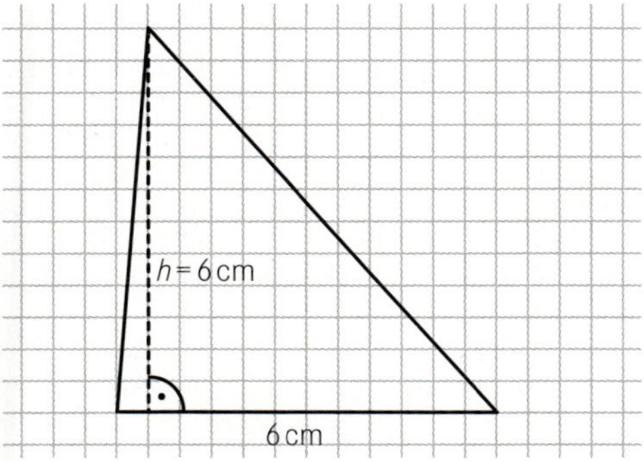

Übung 5 Seite 105

a) 6 cm² b) 4,5 cm²

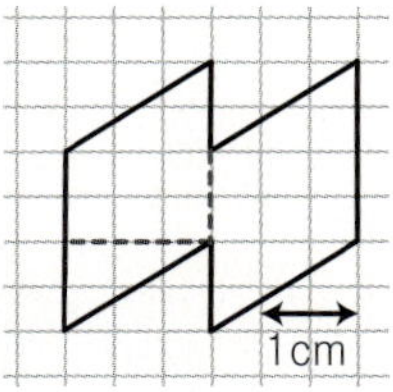

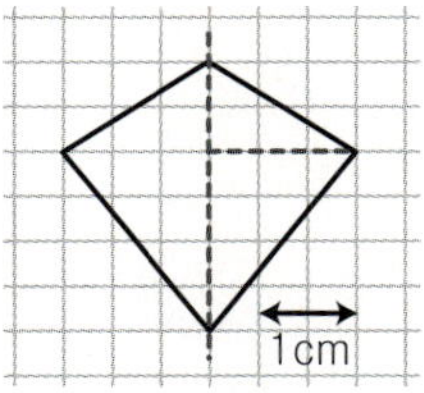

Übung 6 Seite 106

a) 7,5 cm² b) 26 cm²

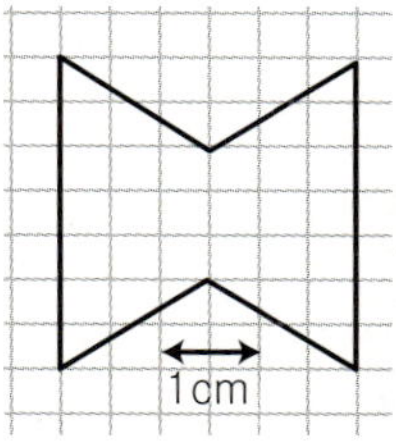

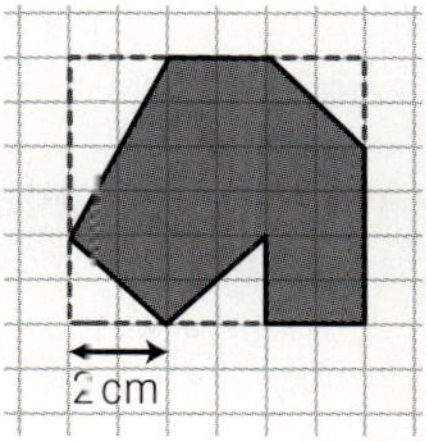

6.3 Flächeninhalt beim Trapez

Übung 1 Seite 107

a) 4 cm² b) 3 cm² c) 3,375 cm

Übung 2 Seite 107

a) 25 cm² b) 15 cm² c) 21,78 cm²

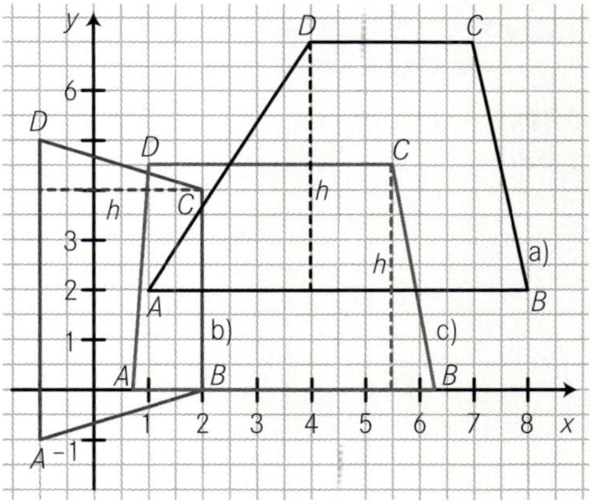

Übung 3 Seite 107

a) A = 27,5 cm² b) c = 2 m
c) h = 1,4 cm d) a = 3 dm

Übung 4 Seite 108

Der Flächeninhalt beträgt 0,4 m².

Test

Übung 1 Seite 108

A = B

Übung 2 Seite 108

a) h_a = 7,5 cm b) A = 1,68 m² c) h = 1,4 cm

Übung 3 Seite 108

Dreiecke: $A_D = 40\,cm^2$; Rechteck: $A_R = 40\,cm^2$.
Die Dreiecke nehmen zusammen 50 % der Gesamtfläche ein.

Übung 4 Seite 109

$T_1 = 5\,cm^2 = T_2 = T_3 = T_4$

Übung 5 Seite 109

$A = 2 \cdot \frac{1}{2} \cdot 5{,}8 \cdot 2{,}55\,dm^2 = 14{,}79\,dm^2$

Übung 6 Seite 109

A = D + T
$= 0{,}5\,cm^2 + 2\,cm^2 = 2{,}5\,cm^2$

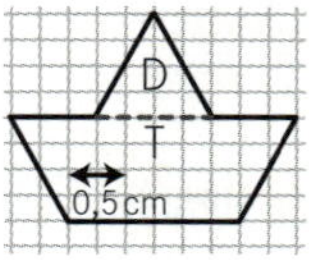

Übung 7 Seite 109

$A_{ABCD} = 4\,cm \cdot 2\,cm = 8\,cm^2 = A_{AEBD}$

(Dreieck *BCD* ≅ Dreieck *AEB*)

Bibliographisches Institut GmbH, Dudenstraße 6, 68167 Mannheim
ISBN 978-3-411-87030-1